贵州石谱

贵州省观赏石协会 编著

贵州出版集团
贵州人民出版社

图书在版编目（CIP）数据

贵州石谱 / 贵州省观赏石协会编著 . -- 贵阳 : 贵州人民出版社 , 2019.7

ISBN 978-7-221-15288-6

Ⅰ . ①贵… Ⅱ . ①贵… Ⅲ . ①观赏型－石－鉴赏－贵州 Ⅳ . ① TS933.21

中国版本图书馆 CIP 数据核字 (2019) 第 089196 号

贵州石谱

贵州省观赏石协会　编著

责任编辑　张云端　孔令敏
封面题字　陈加林
装帧设计　狮扬文化
出版发行　贵州出版集团　贵州人民出版社
社址邮编　贵阳市观山湖区会展东路 SOHO 办公区 A 座
（电话：0851-8682847　邮编：550081）
印　　刷　浙江海虹彩色印务有限公司
规　　格　889mm × 1194mm　1/16
字　　数　250 千字
印　　张　15.25
版　　次　2019 年 7 月第 1 版
印　　次　2019 年 7 月第 1 次印刷
书　　号　ISBN 978-7-221-15288-6
定　　价　598.00 元

《贵州石谱》编委会

序 水秀山青 石自奇

贵州高原位于中国的西南部，在地形上处于中国的第二阶梯，由四大山脉从中部、东部、北部及西部拱卫着。这四大山脉分别是苗岭、武陵山、大娄山与乌蒙山。

有山就有水，贵州高原是中国南方两大水系——长江与珠江的重要分水岭。在长江流域，发育了乌江、赤水河、清水江等重要河流；在珠江流域，发育了南盘江、北盘江、红水河、都柳江等重要河流。

山与水是形成观赏石资源两个最基本的要素。

说到贵州的这些山与水，观赏石界的藏家与石友很自然地就会联想到产自贵州的知名石种，如乌江石、盘江石、罗甸石、贵州青、马场石、乌蒙磬石、古铜石、紫袍玉带及晶体石、古生物化石等。

这些令人眼花缭乱的观赏石资源，除了与贵州的青山绿水有关，更与贵州独特的地质背景有关，即与贵州的地层岩性、地质构造、古生物演化及矿产资源有关。

青山绿水是形成贵州丰富的观赏石资源的外部条件，地质背景才是形成贵州观赏石资源的内部根据。

贵州最古老的地层出露于武陵山主峰——梵净山，由新元古界的梵净山群浅变质岩构成，距今近9亿年；贵州最古老的大套碳酸盐岩地层当属震旦系上部的白云岩，即著名地质学家李四光命名的“灯影灰岩”；贵州震旦纪陡山沱期含磷地层中产出世界最古老的动物化石——瓮安生物群，距今约6亿年；贵州最具有观赏价值的古生物化石是中生代三叠纪海生爬行动物、鱼类与海百合；贵州最知名的矿物晶体，是万山汞矿辰砂晶体，其产出地层为下古生界寒武系白云岩……

可以说，贵州观赏石之最，数不胜数、奇妙无穷。

贵州省观赏石协会在2010年12月成立之初，就将开展贵州省观赏石资源大调查、摸清贵州省观赏石资源家底列为重点工作。2011年—2013年，在贵州省国土资源厅的大力支持下，贵州省观赏石协会如期完成了观赏石资源大调查，对贵州省观赏石资源的储存、产地分布及开发利用状况作了定性与定量分析与评价，随后发现了乌蒙磬石、夜郎红、桫椤玉、仡乡墨、红宝石玛瑙、贵州精摩尔等一批新石种，调查成果受到好评。

在中国观赏石协会编写《中国石谱》的启发与激励下，贵州省观赏石协会于2015年启动了《贵州石谱》的编写筹备工作。

从客观上讲，贵州省是观赏石资源大省，观赏石种类齐全，产地众多，开发利用历史悠久，在全国知名度较高的代表性石种不少。赏石人员涉及行业繁杂，参与人数庞大，观赏石市场日趋活跃。现在的赏石热、收藏热已把观赏石文化产业催生成一个初步繁荣的新兴产业。

盛世修谱，这已是中国文化的优良传统。为了推动贵州观赏石文化与产业的健康发展，作为“贵州省观赏石资源调查及编图”工作的延续、推广和应用，精选贵州石种编撰出版《贵州石谱》，已是贵州省观赏石协会义不容辞的责任和义务，也为今后贵州省观赏石界留下一部有据可查、有物可依，规范、科学、有普遍指导意义的典籍。《贵州石谱》编辑委员会以“观赏石鉴评标准”为指导，以严谨的地质科学为基础，以文化艺术为灵魂，力求将《贵州石谱》编撰成一本集专业性、科学性、艺术性、权威性于一体的贵州赏石界工具书、资料书。

2017年，因政策要求与身体原因，我辞去了贵州省观赏石协会会长职务，我省知名女藏石家陈辉娅女士当选为贵州省观赏石协会第二任会长，她接过继续编写《贵州石谱》的接力棒。在她的努力下，《贵州石谱》的编写工作引起了贵州省人民政府领导的重视，得到了有关部门的立项支持，解决了《贵州石谱》的出版资金问题。

通过贵州省观赏石协会及各市、州、县观赏石协会组织、藏家及石友的共同努力，今天《贵州石谱》终于与大家见面了，这既完成了贵州观赏石界的一件大事，也实现了我多年的一桩心愿，感到十分欣慰！

虽然从更高的要求来看，这部《贵州石谱》还有着这样那样的缺陷与遗憾，但是金无足赤，不可苛求。有了第一部《贵州石谱》，就为以后的修编与完善奠定了基础，任何事业都是这样发展和成长起来的。

一本典图谱放书斋，山清水秀石自奇。

在新时代条件下，贵州省观赏石产业与文化发展前景远大，潜力无限。我们不仅有当下观赏石产业的梦想，更有石文化的诗与远方！

麻少玉

2018年于贵阳

目录

第一章 贵州观赏石文化概述

石，地生天养，凝精聚华；石，与地球同生，与日月齐辉。

在岁月的长河里，当世间万象都如烟逝去，唯有石头以各种形态长存于世，见证地球的沧桑巨变，见证人类文明的进步和发展。

从人类诞生之日起，石文化也随之萌生。人类文明发展的历程，就是一个始终与石为伴、与石文化同行的过程。人类最早的劳动工具，就来自打制过的石头，这是石头与人类关系的相融，也开启了人类最古老的石文化——石器文化时代。

石文化是人类认识、利用、开发、玩赏、保护自然过程中所创造的物质和精神相融的产品。概览古今中外，人类在漫长的历史发展中，创造了诸多的文化，其中石文化是历史最悠久、影响最深远、传播最广泛的一种文化形态，是一切文化中的“始祖文化”。一部浩若烟海的人类文明史，其实就是一幅由简单到复杂、由低级到高级的石文化发展史长卷。

人类的文明离不开石头，石头记载了人类历史的点点滴滴。相比石头的历史，人类的历史不过是惊鸿一瞥。

第一节
贵州史前石文化探源

贵州的史前石文化，最早可追溯到30万年前。考古发现，贵州在30万年前就有古人类的活动，他们用勤劳和智慧，创造了辉煌灿烂的石器时代文化。

山多谷深、岩溶洞穴遍布全省的独特地形地貌，使贵州成为石器时代人类栖息的理想之地。中华民族的血脉中，同样流淌着生活在贵州高原古人类的血脉。

从1964年著名古人类学家裴文中教授试掘了黔西观音洞文化遗址后，贵州相继发现了属于晚期直立人阶段的“桐梓人”、早期智人阶段的“水城人”和“大洞人”、晚期智人阶段的“兴义人”“穿洞人”和“桃花洞人”等旧石器时代遗址50多处，以及平坝飞虎山、普安铜鼓山和毕节青场等地的新石器时代遗址。尤其是分别被列为1993年、2001年和2016年度全国十大考古新发现之一的盘县大洞、赫章可乐墓葬群和贵安新区牛坡洞遗址，在国内引起了极大的轰动。它们与云南一系列重大考古发现一起，雄辩地证明了云贵高原是古人类的摇篮之一，揭开了中华大地上从猿人演化为直立人、智人，直到现代人的过程的序幕。这也为我们研究史前石文化和赏石文化打下了牢固基础。

石器是古人类极为重要的生产生活工具，但打制石器对岩石在硬度、均质性和韧度等物理性质方面，要求是很高的，完全符合这三项要求的只有燧石。黔西观音洞使用燧石打制石器比例最高，盘县大洞的旧石器使用燧石的比例也很高，贵安新区牛坡洞同样如此，这在国内的发掘点中表现十分突出。这说明早在二三十万年前，贵州古人类对这些岩石的物理性质已有了深刻的了解。“水城人”独创的“锐棱砸击法”，在华南以致东南亚都得到广泛应用的打制石器以及其他贵州古人类遗址的玉石器、骨角器、陶器、铜器、铁器、立柱式房屋遗址、灶与窑等遗物，都清楚地表明，贵州先民走过了石器时代、铜石并用时代、青铜时代和铁器时代，他们不仅掌握了陶土、玉石、铜、铅、锡、铁等的物理化学性质，而且还掌握了找矿知识、冶炼技术、青铜含金的比例等经验和本领。赫章可乐遗址除出土大量铜、铁器外，还出土了种类繁多的骨、玉、水晶、玛瑙、绿松石饰品，说明贵州古代先民对岩石矿物认识的视野有了进一步扩大，对其理化性质的认识有了质的提高。

盘县大洞重型工具中的手斧，其弧形突出的两边被打击成对称或大体对称，端刮器的刃部由准平行过渡到平行修理，这是“整齐一体”“对称均衡”等审美对象中形式美的特征之一。说明此时的贵州古人类已有了初步的审美意识。普定穿洞晚期智人遗址出土的骨角器达1000

件之多，这里的骨角器有刃缘光洁的骨铲，有扁钝、圆尖、三棱诸式骨椎。这说明“穿洞人”制造的骨角器作为审美对象有两个方面的突破：一是光滑程度有了质的飞跃，二是对工具几何特征的追求有了突出的变化。这两者正反映了贵州古人类审美观的极大进步。普安铜鼓山和赫章可乐出土的大量装饰艺术品，说明贵州古人类的人体装饰已从直立人时期以自然物捆扎于人体，经过旧石器时代以器物钻孔引线固着于人体的第二阶段，发展到新石器时代以石、玉为材料，经雕、刻、琢、磨等精细加工后装饰于人体的第三阶段。而装饰打扮正是人体美学意识发展到一定程度的可靠标志。

贵州古人类就是在工具的制造过程中一步一步提高自己的审美意识，并发展为相对独立而独具特色的赏石审美文化。

第二节
贵州主要的赏石文化

贵州是公认的沉积岩王国，从距今 8 亿多年的上元古界梵净山群浅变质地层，到新生界第四系沉积物都有出露，武陵山、苗岭、大娄山、乌蒙山等山脉，为贵州高原石文化的产生和发展提供了丰富的物质资源，因而，在数千年的人类社会历史发展中，贵州的石文化得天独厚、种类繁多。

一、岩画文化

岩画是遍及世界 150 余个国家和地区的世界性文化。

贵州目前发现的岩画分布于开阳、息烽、花溪、修文、龙里、惠水、长顺、六枝、水城、兴义、安龙、册亨、贞丰、普安、安顺、关岭、普定、紫云、镇远、丹寨、赤水、道真、江口、毕节等 24 个市（县、区），共发现岩画 40 余处。集中分布在以贞丰大红岩岩画点为代表的北盘江流域和以龙里巫山岩画点为代表的黔中地区。曹波先生《贵州岩画遗址（地点）调查与研究》一文写道：“贵州史前时期和往后的各历史时期也同样存在着这样一群群人，它们通过艺术品——岩画体现出来，他们的审美冲动和创作热情让现代人感到吃惊。岩画代表了手印和狩猎时期、人面时期、游牧时期、铜鼓文化和马文化时期。并与相关历史文献、其他考古遗存相联系。与史前人类和古代民族相关联。”“颜料一般是铁系天然矿物质与动物血、朱砂、骨胶等作为黏合剂混合起来使用，使它能保存久远而不褪色或衰变。制作岩画是一种技术活动，贵州岩画主要以涂绘、勾勒、吹、喷、印等技术活动去完善图形内容。用刻和绘的方法勾画出作画对象的轮廓外形，再进行凿刻或涂绘该物体形象。”“从这些图形的背后，我们看到的是贵州地域文化的深厚，它体现了人类审美意识的萌芽。……隐藏在岩画图像中西南民族特有的交感巫术、崇拜祭祀、生产生活场景便会浮现出来。”“贵州岩画与世界、中国岩画的某些符号、物象有着惊人的相似性，如太阳、十字形符号、鸟崇拜、狩猎交感巫术符，几乎所有远古族群都有；符号、手印、龙形、人面像、野生动物等，表现出史前远古遗风；马文化表现出汉唐时代烙印，牛反映游牧放牧文化经济。”这些反映了史前人类审美意识发展的又一侧面。

二、石刻文化

贵州的石刻文化包括摩崖题刻、石碑石碣、石雕石刻、石窟造像等。

（一）摩崖题刻：即在天然崖壁上剔地刻字，有的甚至直接在天然崖壁上刻字。石刻上的字有多有少，也有图画和诗词。已被列为贵州省级文物保护单位的摩崖石刻有习水三岔河摩崖、石阡太虚洞摩崖等十余处。有些摩崖题刻，刻于古建筑内，是古建筑的重要组成部分，如镇远青龙洞古建筑群内的“飞岩”摩崖、“乾坤入钓竿”摩崖和黔灵山古建筑群内的“虎”字摩崖、“佛”字摩崖、“响石洞”摩崖、“第一山”摩崖、“黔灵胜境”摩崖、“万古不磨”摩崖、“赤松旧隐”摩崖、“纯清道祖灵像”摩崖和“多行好事，广积阴功”摩崖等。

（二）石碑石碣：即将天然岩石从其母体剥离出来，按照一定规格打磨，镌刻文字、图案。碑碣性质相同，方首者称碑，圆首者曰碣，亦可泛称为碑。贵州民间有令牌碑、月亮碑、圆首形碑、方首形碑、方首抹角碑等多种形制。月亮碑呈圆形，酷似一面镜子，多置于坟墓前方，实为圆形墓碑。如意头碑，顾名思义，碑首呈如意形。从内容上分，碑碣大体可分为修建碑、晓谕碑、记事碑、乡规碑、纪功碑、地界碑等几类。而各类之间又有交叉，很难截然分开。

（三）石雕石刻：石刻中的墓碑文化内涵十分丰富，也是贵州少数民族艺术不可或缺的一部分。明代之前西南地区的少数民族大多采用崖葬，明中叶受汉文化影响，贵州才开始在墓前立石为碑。在贵州居住的少数民族中，均有各自独特的墓碑文化，尔后在民族交流中又相互影响，形成了各具特色又异曲同工的墓碑文化。其中，以侗族、彝族、土家族等民族的墓碑石刻文化最具代表性。

（四）石窟造像：若是寺庙，则称石窟寺，如赤水三会水石窟寺。习水袁锦道祠拥有众多的石窟造像，即在石窟内摩崖造像，但因不知其寺名，故不便称为石窟寺，而其雕刻手法与石窟寺别无二致。因此，也有人称袁锦道祠为“石窟寺”。

三、园林石文化

园林文化是石文化中一个不可或缺的组成部分。贵州园林文化兴起于明代的屯垦戍边。其中，杨彝和沈勖对贵州园林文化建设发挥的作用尤为重要，他们带来了江南园林的审美理念和设计风格。

杨彝为浙江余姚人，洪武二十五年（1392 年）他来到长子杨志的戍所普安卫（今盘州市），居东屯，四面多松树，开轩其中，额曰“万松轩”，又在西北结“天风亭”。沈勖为江苏高邮人，亦于洪武年间从父戍普安卫，筑“乐矣园”和“怀甓堂”。沈与杨常常到对方居所唱和，在普安州引领风气之先，且开贵州构筑园林之始。流风所致，贵州构筑园林遂蔚为大观。当时园林大体可分为三类：一类是文人士子将自己的房屋进行改造，增加读书吟咏之处，或另建别业；二类是在外地为官，改仕后回家养老，或遭贬谪而到贵州避祸隐居；三类是外地人在居官之所，或为自己公余消遣、读书、吟咏，或为引领当地风气而构筑的有公益性质的园林。著名的有宣慰宋氏在贵阳的宋氏别墅“石屏倚醉”和“石峰耸翠”，以及杨师孔的“石林精舍”等。

此外，人们就地取材而形成的石建筑文化也别具一格，在此不赘述。

第三节 贵州明清时期赏石文化

一、明清时期赏石文化

与我国悠久的古代赏石史相比，贵州赏玩奇石的历史与贵州丰富的石资源和悠久灿烂的“石文化”颇不相称。虽然早在唐朝贵州就出了开凿乐山大佛的通海法师这样对全国有重要影响的赏石家，但迟至明永乐十一年（1413 年）始置省，不仅贵州的观赏石资源世所鲜知，赏石文化和赏石大家也默默无闻。主要是贵州“地无三里平”的交通条件和“人无三分银”的经济条件制约了赏石文化的发展。诚如明代大错和尚《他山记》中所言：“宇内山石之奇，无过川、黔、楚、粤。然幽遐荒远，车马不交之处，奇诡殆甚，而世或鲜知之。”

因此，贵州赏石文化的真正繁荣，是从 15 世纪建省开始，贵州与外界的文化交流日渐频繁，赏石文化随之日益繁荣。

明洪武十四年（1381 年），明太祖朱元璋命傅友德为征南将军，率步骑 30 万出征云南，留下 20 万之众屯守贵州。贵州境内先后设置 29 个卫，数量之多为西南之冠。

明永乐十一年（1413 年），明廷正式设置贵州承宣布政使司，明确贵州作为一个独立的省级行政单位。在贵州众多的屯垦士卒的定居，明廷委派大量官员和贬谪人士的到来，带来了中原和江南的先进生产技术和丰富多彩的文化，加之各类学校的兴办，本土人才的成长，外出赶考者为官为宦，以及宦游、商旅的往来，使昔日封闭的贵州加速了与中土的交流，使之各方面都发生了深刻的变化；其中包括了赏石文化的兴起和迅速发展。到明末清初，形成了贵州历史上的第一个赏石文化高潮。

二、明清重要赏石活动和赏石名家

文化的兴盛，促成了赏石氛围的日益浓郁，也造就了贵州一批批藏石家和赏石家。

明代以来，比较知名的有首次将“红岩碑”公之于世的举人邵元善，因悯大理石农而丢官的进士蒋宗鲁，举人、赏石根艺大家越其杰，赏石巨匠杨文骢。明代后期，贵阳崛起了一个以园林家杨师孔、赏石家杨龙友为核心，成员有杨龙友之舅、赏石家、根艺家越其杰，著名诗人谢三秀，偶尔有普安州诗人、赏石家谢士章参加的著名赏石家群体。他们议论国是、饮酒啸歌、交流根艺、假山叠筑、绘画和赏石，在贵州有较大的社会影响。万历至崇祯年间普安州（今盘州市）的谢士章、明末清初铜仁的徐以暹和贵阳的吴中蕃等留下不少赏石文化作品，以诗为盛，其次是散文和赋。

名家藏石有杨师孔的石林，越其杰的景观供石和园林古石，吴中蕃的鱼石、浪石、石案、石枕，谢士章的景观供石等。矿物晶体有万山的辰砂晶体，普安州得都山的雄黄、雌黄晶体，赫章天桥、妈姑的方铅矿、闪锌矿、黄铁矿晶体等。值得一提的是，明朝末年，在黔桂边境上下了一场规模很大的陨石雨，贵州省独山县董岭乡就保存有那次陨石雨所遗留的陨石。1970年，中国科学院地球化学研究所运走了其中最大的一块重达360斤的陨石，现存北京天文馆。

贵州清代的赏石活动，较之明代不仅赏石家和赏石爱好者大量增加，地域扩大，而且赏石的文学艺术形式更为丰富多彩，赏石的石种、来源更趋多样化，出现了贵州历史上的第一部石谱——《天全石录》。总之，赏石文化较明代有了质的飞跃。

在文学形式上，清代不仅继承明代以诗、文、赋的文学形式来赏石品石咏石，而且增加了词、曲、楹联、小说等文学体裁来品赏歌咏赏石和以绘画艺术形式来表现观赏石。

值得一提的是，清末贵阳赏石家陈矩在四川大全任上时，因深入深山找水，在野外采集到很多观赏石，并以近代地质学的观点，编著了在全国有重大影响的贵州首部石谱《天全石录》，收集有赏石三十二拳。

清代以来，贵州与省外交往的频繁，促进了贵州赏石交流活动的开展。陈法将新疆十二台帅姓地方官送给他的十余拳瀚海石（即戈壁石、风砺石之类）带回了贵州。丁宝桢在山东离任时，百姓赠送的一拳重约80斤的黄河石，丁虽不善赏石，但仍花费巨资，将此石带回到织金老家，其后代珍若拱璧。郑珍在河南汲县拜比干墓时，在墓周拣到一拳类似心脏的象形石，并带回遵义家中。莫友芝应邀为丁日昌藏书编目，获赠一枚重约旧秤一两的杏黄色田黄冻石，上下两面印文为“莫友芝印”和“听信同叟”。唐树义之父唐源准在粤为官时，于广州购获一方明忠烈公顺德人陈邦彦之印，在赴清远任的船上梦到陈之所托，唐树义将其带回黔后，在贵阳建“待归草堂”园林，并构一幢陈列该砚的“梦砚斋”。书法家严寅亮以一幅“颐和园”匾额书法作品，获慈禧太后赐一方玉印，也将其携回印江老家。

值得一提的是，明清时期，不少省外赏石家来到贵州，有力地促进了贵州赏石文化发展，并留下不少石坛佳话。

三、清代赏石类型

清代赏石，有五大类型。

（一）供于厅堂中或园林内之石：除前述陈法、丁宝桢、曹申吉、郑珍从省外带回的赏石，陈矩在《天全石录》中所录的三十二拳赏石外，还有黄彭年及其父在河北保定莲池书院中的虎蹲、孤隼、白玉蝙、缑笙、坫尊、云芝、老僧衲、一握云、踊杰、燕垒等十拳供石，郑珍所藏的文石等。还有普定三岔河卵石、石阡龙洞奇石、黄平马苑溪中彩石等。

（二）文房石：主要置放在书房或几案之上。如莫友芝的田黄印石，严寅亮的玉印，唐源准的“梦砚”，平翰的“凤兮砚”，黎尹聪的汉玉、古印，余珍所收藏的三百余枚名印和五十余方古砚，以及岑巩的“思砚”，织金的“平远砚”，大方的“大定砚”，普安县的“龙溪砚”及盘州市丹霞山护国寺的玉印、玉环等。

（三）地标石：指那些不可移动、一石成景的大型观赏石。如贵阳的狮岩、船石，贵定的凤凰石，梵净山的蘑菇石，普安的老鹰岩，威宁的石牛，瓮安的石鸡，六枝印山，独山白玉岩，天柱县柱石山，安顺鲤鱼石，威宁插枪岩，仁怀蟾蜍石，盘州的石官山，水城陡箐的飞来石，丹寨中孚堡的石龙，玉屏的万卷书岩，岑巩的半鸡石，思南香炉石，松桃城北的老鹰岩，黔西城东八十里的金鸡石，织金的凤凰山，贞丰的珉球，安龙的马嘴山，晴隆的七星石，修文县盘陀石，福泉的仙影岩，六盘水市钟山区的上钟山，绥阳的独摇石等，以及贵阳的犀牛石，福泉的石秀才，龙里的鲤鱼石，安顺的太和石和七星石，盘州民主镇的猴跳石，乐民石象山，水城无老渡公母石，都格棋盘屯棋盘石，六枝郎岱灵石，小卜都双仙石，郎岱八卦石，毛口鳌跳石，郎岱西二十里的仙马石，玉屏石莲石的石莲，梵净山太子石，毕节城北通天洞旁的听鱼石、系星石，以及唐树义《待归草堂》中的立峰石、郑珍的“黄蕉石”等。

（四）景点奇石：贵定倒影石，贵阳石田、仙迹石等。奇异功能石有普定和贵阳黔灵山的石花，瓮安晴明石，福泉惊蛰鱼石，黎平过化石，水城响石和天乳岩等。纪念石有兴仁寿福寺太公石。钟乳石有贵阳泻玉洞，龙里留云洞，镇远中元洞，绥阳碧霄洞，安顺华严洞，晴隆朝阳洞，六枝穿洞，钟山西清洞，水城清华洞，独山梅花洞，大方云龙洞，务川翠云洞等洞穴中的象形钟乳石。

（五）矿物晶体：铅（称黑铅）产于赫章、毕节、都匀、普安等地，锌（称白铅）产于赫章、遵义、都匀等地，朱砂产于万山、开阳、修文、石阡、务川、普安等地，水晶产于关岭、罗甸等地，铜矿产于威宁，铁矿产于水城、赫章、修文、独山、都匀、镇远等地，雄黄产于贞丰、册亨、安龙、六枝、都匀等地，萤石产于安顺，石膏产于余庆，黄铁矿产于修文、大方、遵义、仁怀、晴隆、普安、盘州、水城、三都等。

以上观赏石类型为现代观赏石文化发展，打下了重要的历史文化基础。

第四节
贵州民国时期赏石文化

民国时期，仅有不及40年时间，人民历经抗日战争、国内战争和匪患猖獗，生灵涂炭，民不聊生，何谈赏石？但现代地质学的传入，本省地质、古生物学家的成长，加之，抗战开始以后，作为大后方的贵州，全国人才的后撤入黔，用近代地质学对贵州矿产资源进行勘查。在全国战争频仍的大环境下，贵州这个大后方，反而成为找矿、认石的人间乐土。这期间，贵州本土的赏石家有四类：一类是学习了现代地质学和古生物学的专家学者，他们以科学的眼光来观察岩石、矿物、古生物，在省内外从事地质勘查工作，并均有重大建树，他们是贵州人罗绳武、乐森璕和丁道衡等。第二类是赏石收藏家，如盘县人张道藩、红军烈士彭新民（大方人）等。第二类是以文学艺术形式的赏石家，如姚华（贵阳）、王峙苍（印江）、任可澄（普定）、安健（六枝）、黄齐生（安顺）、席正铭（沿河）等。第四类是旅居省外的赏石家，如长期寓居天津的李国瑜（贵阳人），与张轮远（《万石斋灵岩、大理石谱》的作者）、刘云孙（《万石斋灵岩、大理石谱》跋的作者）为莫逆之交，他们经常在一起吟诗、论石、品茗、饮酒，李不仅为该《石谱》写序、题词、赠诗，而且对张的著名雨花石“黄冈竹”和大理石“白云在望”题诗，对张的著名雨花石“凤鸣朝阳”作“壶中天”词。

民国时期，外省名人对贵州赏石活动的影响很大，主要以地质工作者和文化人为主。

民国时期贵州发掘了不少有名的观赏石，如贵阳麒麟公园洞口的麒麟石，清镇东山寺的巢凤石；务川地标石“九天母石”，正安的“石笋”，盘县马场磨盘石，水城的蟾蜍石，兴义马鳖石，兴仁仙马岩，紫云观音山等。纪念石有红军长征时经过水城北盘江时的虎跳石，文房石有民国时期徽州刻砚名家汪韫辉所刻的梵净山紫袍玉带石“二龙观珠”砚，红军烈士彭新民的“梦砚”，织金官寨下红岩的“平远砚”，岑巩星石潭的思州砚，大方小屯的大方砚，普安三板桥的龙溪砚。

民国时期贵州盘县人、印章收藏家张道藩所收藏的印章石十分珍贵，有张峄阳刻双罗汉狮子钮红寿山石印，齐白石刻赠黄白色寿山石印，张道藩自刻白寿山石印，吕凤子刻狮子钮白寿山石印，双蝙蝠钮旧昌化石印，傅抱石刻云松钮鸡油田黄石印，徐悲鸿赠白大理石印，张峰阳刻明坑鸡血石印，傅抱石刻松鼠葡萄钮藕粉冻石印，傅抱石刻青田石印、昌化石印、新鸡血石印，齐白石哑弟子刻印，还有沈左尧刻的牙质印、白寿山石印，马公愚刻的新青田石印，方介堪、陶寿伯刻印等。1976 年 7 月，台湾文艺图书馆还出版了《道藩藏印谱》。

生物化石的发掘和鉴品是现代地质学家对贵州观赏石的独特贡献。有胡氏贵州龙，为纪念许德佑先生而命名的许氏创孔海百合，丁道衡研究的十字珊瑚、鹗头贝、波哈丁贝，丁文江发现的假乌拉珊瑚，乐森璕研究的假提罗菊石，卢衍豪研究的遵义盘虫，李四光研究的震旦角石，边兆祥发现的大羽羊齿等。地质学家们对矿物晶体的贡献，确定了贵州诸多矿物的鉴赏价值，主要有雄黄、雌黄、辰砂、水晶、辉锑矿、萤石、重晶石、黄铁矿、自然硫、石膏、黄铜矿、辉铜矿、斑铜矿、孔雀石、赤铜矿、蓝铜矿、自然铜、方铅矿、闪锌矿、白铅矿、水锌矿、菱锌矿、异极矿、褐铁矿、菱锰矿、氧化锰矿、菱铁矿、方解石、紫袍玉带石等。

第五节
贵州的少数民族石图腾

贵州的少数民族具有独特的石文化崇拜。苗族通常把屹立于山野中的陡峭岩石作为崇拜对象，无子的人跪拜岩石求子，生子后再去还愿，而且将子过继给石头，子名往往与岩石名相符。还有一种现象，许多村寨前立着几块怪石，不许人触摸，据说是村寨的守护神。水族称巨石为“霞拜”，称怪石为“立岜”，拜岩的活动隆重而神秘，祭祀以家族或村寨为单位，献牺牲、对歌曲，然后分享赐福，以求人畜兴旺、五谷丰登。侗族十分崇拜雷神，称之为“雷祖”，他们世代传诵着《雷公》古歌，传说天柱县的巨石是雷神派仙人竖起来的。在荔波的瑶山和瑶麓村寨的路口，往往立着几块怪石，任何人都不许触摸，更没有人敢轻易搬动。据说这是他们的村寨神。后来，祖先崇拜兴起，人们又把祖先的神灵与对山石的崇拜结合起来。关岭坡贡至六枝的郎岱，有两种迷信，一为将军箭，一为指路碑。据说人家小儿如出生时日犯将军箭，必病，甚至不治。解救之法，则在三岔路口建一指路碑，碑上字的大意为：“小儿 ×× 犯将军箭，特立指路碑。”并在其后书“开弓弦断，箭来碑挡”八个字，以为禳解。坡贡的指路碑上写“上通坡贡，下通郎岱，左至六堡”字样，行人称便。安龙许多人家大门前忌讳有庙有山，即使对面房子高于自己家的也忌讳。求解的办法是在门上置一凶恶的“吞狗”或“泰山石敢当”之类的东西，或在门前竖立一扇照壁，并在照壁上写“紫薇高照”的字样，或将大门向屋内退，形成一凹字形，称为燕子窝，以避凶，如此等等。据说，在贵州18个世居民族中，就有16个民族有石崇拜的习俗，尤以苗族、布依族等苗瑶族群和百越族群为甚。这足以说明，贵州人对赏石的喜爱有着悠久、厚重的遗传因素，是与生俱来的。

正是明清及民国以来，这些赏石名人、大家及少数民族等物质和精神的创造活动，开启了贵州赏石文化之先河，丰富了贵州石文化的积淀，延续了贵州源远流长的石文化经脉，为贵州成就石文化大省奠定了坚实的基础。

也许，贵州明朝赏石根艺大家越其杰在其《移怪石》中所抒发的感慨和情怀，能代表贵州赏石人的共同心声——

嵌空发清音，光润生寒球。高才盈尺余，岩壑势奔矗。古拙与我宜，犹存未雕璞。携归伴书琴，几案如深谷。昔为山中遗，今比席上玉。虽然蒙鉴赏，无乃污尘俗。犹胜弃道旁，腐朽同草木。君看璠玙姿，三献仍劳哭。宇宙今寥寥，任耳不任目。

第二章 贵州观赏石资源

贵州是国际学术界公认的“沉积岩王国”“喀斯特王国”和“古生物王国”。

近年来，在贵州观赏石产业与文化发展的推动下，贵州观赏石资源的丰富性、独特性渐渐浮出水面，为大家所认知。

2012年，在贵州省国土资源厅的支持下，贵州省观赏石协会开展了全省观赏石资源普查工作，基本摸清了贵州观赏石资源家底，用科学的资料与数据，揭开了贵州观赏石资源王国的神秘面纱。

第一节 观赏石的分类

贵州是全国唯一没有平原的省份，是山水的天下，地貌类型多样，地质条件复杂，岩石类型齐全，矿产资源丰富多样，古生物化石绚丽多彩，造就了贵州观赏石资源丰富、种类繁多和分布广泛的总体格局（见附录图 1）。《贵州省观赏石资源调查及编图》成果表明，观赏石类型包括岩石类观赏石、矿物类观赏石、化石类观赏石、陨石类观赏石和其他类观赏石，五大类型齐全（见表 2-1）。

第二节
主要观赏石类型

一、岩石类观赏石

岩石类观赏石是贵州主要的观赏石类型之一。已发现的石种涵盖造型石、图纹石和色质石、工艺石及事件石等全部亚类，及其过渡性石类的观赏石。按照成因和赋存条件分类，岩石类观赏石有水冲石类观赏石、山采石类观赏石、洞穴石类观赏石等（见表 2–1）。

（一）水冲石类观赏石

贵州位于长江流域和珠江流域的分水岭地区，水冲石类观赏石主要产于乌江、南盘江、北盘江、锦江、清水江等水系及其主要支流（见附录图 1）。由于高原表面起伏复杂，河流众多，且河流坡降甚大、水势凶猛，原岩在崩解滚落到河床中后，长时间受流水冲击磨蚀、溶蚀和浸泡，形成外表光滑圆润、原岩纹理清晰的水冲石类造型石和图纹石，或形成质佳、色美、皮润的水冲石类色质石。有许多水冲石（尤其是乌江石和盘江石）常常是型、纹兼备，或型、质俱佳，或纹、质兼具的观赏石（如普定马场石）。

（二）山采石类观赏石

贵州的山采石类观赏石分布广泛。山采石主要指地表石和地埋石。其中以碳酸盐岩类岩石为主风化形成的观赏石，以造型石类为主，兼有图纹石或型纹石，集中分布的区域主要在贵州省的中部、西部（见附录图 1）。而作为工艺石的色质石、图纹石，如紫袍玉带、罗甸玉、贵翠（晴隆玉）、鸡血石、国画石、罗甸水墨玉、草花石等在省内多地零星分布。

（三）洞穴石类观赏石

贵州的洞穴石类观赏石也极丰富。贵州碳酸盐岩山地分布极广，因此有许多溶洞，著名的有织金县的织金洞、安顺市的龙宫、绥阳县的双河洞、丹寨县的金瓜洞、天柱县的金山洞、凯里市的渔洞、开阳县的冯三洞，等等。这些洞中常有与溶洞形成有关的洞穴石类观赏石，形成特殊的造型石或图纹石。钟乳石是一类与溶洞中的石钟乳生长有关的观赏石。除了各种钟乳石（如石柱、石笋、石瀑等），洞穴石类还有岩溶垮塌后重新胶结而形成的溶塌角砾岩观赏石，或因析出沉淀重结晶而形成的玛瑙纹状钙华观赏石（俗称木纹石）。洞穴中的石膏常见形成造型、优美的卷曲石等。此外，洞穴石的一大类型为文化石类观赏石，主要是古人类的各种生产生活、装饰用石器。贵州的各州（市）均有古人类活动文化遗存，并有大量丰

表 2-1

序号	石种	产地	产状	观赏类型	岩性
1	乌江石	乌江流域	水冲	造型石、图纹石	灰岩、硅泥质粉砂岩
2	锦江石	锦江流域	水冲	图纹石	浅变质岩
3	乌蒙千层石	黔西县、遵义市松林镇	山采	造型石	灰岩、白云质灰岩
4	乌蒙彩纹石	黔西县	山采	造型石	白云质灰岩、含泥质灰岩
5	乌蒙磬石	威宁县、赫章县、黔西县	山采	造型石	灰岩、白云质灰岩
6	北盘江石	北盘江上游河段	水冲	造型石、图纹石	多岩性
7	贵州青	清水江流域	水冲	造型石	浅变质粉砂岩、粉砂质板岩、硅质板岩
8	普定红梅石	安顺市普定县	山采	图纹石、造型石	核形石灰岩
9	普定麻子石	安顺市普定县	山采	图纹石、造型石	核形石灰岩、鲕粒灰岩
10	马场绿石	普定县马场河流域	水冲	造型石、色质石	蚀变硅质岩
11	马场红石	安顺马场河流域	水冲	造型石、色质石	蚀变硅质岩
12	普定古铜石	普定县马场河流域	水冲	造型石	含铁粉砂质泥岩
13	安顺贵妃石	安顺市	水冲	造型石	石灰岩（铁红色）
14	安顺蜡染石	安顺市	山采	图纹石	石灰岩
15	象牙石	平坝县斯拉河段	水冲	造型石	石灰岩
16	墨焦石	平坝县斯拉河段	水冲	造型石	墨黑色硅质岩
17	柳江石	都柳江河段	水冲	造型石、图纹石	浅变质岩
18	蒙江石（贵州黑）	罗甸蒙江河段	水冲	造型石	灰岩、含泥质灰岩
19	罗甸卷纹石	罗甸蒙江河段	水冲	图纹石	硅化条带灰岩
20	罗甸石	罗甸红水河	水冲	造型石	多岩性
21	盘江石	盘江流域	水冲	造型石	灰岩、泥质灰岩
22	黔太湖石	省内多处	山采、水冲	造型石	溶蚀灰岩、白云质灰岩

（续表）

序号	石种	产地	产状	观赏类型	岩性
23	结核石	省内多处	山采	造型石	灰岩、含泥质灰岩
24	钟乳石	省内多处	山采	造型石	石灰华（石钟乳）
25	罗甸花斑玉	红水河上游蒙江	水冲	图纹石	硅化灰岩泥灰岩、含透闪石灰岩
26	安龙陨石	安龙县	山采	特种石	普通球粒陨石
27	清镇陨石	清镇市	山采	特种石	顽火辉石球粒陨石
28	紫袍玉带石	江口县、印江县	山采	图纹石	绢云母板岩夹斑脱岩
29	国画石	江口县、印江县	山采	图纹工艺石	绢云母板岩
30	罗甸玉	罗甸县、望谟县		色质石、工艺石	透闪石岩
31	贵翠	晴隆县大厂镇	山采	色质石、工艺石	硅质岩
32	玛瑙	六盘水市、毕节市、晴隆县	山采	矿物石、纹质工艺	硅质岩
33	猫眼石	罗甸县	山采	纹质工艺	硅质岩
34	罗甸水墨玉	罗甸县	山采	图纹工艺	灰岩、硅化灰岩
35	菊花石	遵义市	山采	图纹工艺	灰岩
36	平塘草花石	平塘县	山采	图纹工艺	黏土岩
37	贵州鸡血石	省内多处	山采	色质工艺	含汞碳酸盐岩
38	辰砂晶体	省内多处	山采、洞穴	晶体石	辰砂
39	萤石晶簇	省内多处	山采	晶体石	萤石
40	重晶石晶体	安顺市	山采	晶体石	重晶石
41	铅锌矿晶体	省内多处	山采	晶体石	闪锌矿、方铅矿
42	黄铁矿晶体	大方县、金沙县、黔西县、晴隆县、盘州市	山采	晶体石	黄铁矿
43	水晶	晴隆县、罗甸县、黎平县、锦屏县、盘州市	山采	晶体石	石英

（续表）

序号	石种	产地	产状	观赏类型	岩性
44	石膏晶簇	晴隆县	山采、洞穴	晶体石	石膏
45	辉锑矿晶簇	晴隆县	山采	晶体石	辉锑矿
46	方解石晶簇	晴隆县、六枝特区、水城县、盘州市	山采	晶体石	方解石
47	冰洲石	望谟县、罗甸县、晴隆县、盘州市、水城	山采	晶体石	方解石
48	钟乳石	省内多地	洞穴	造型石	方解石
49	木纹石（钙华）	晴隆县、绥阳县	洞穴	造型石	方解石
50	石膏卷曲石	晴隆县、绥阳县	洞穴	造型石	石膏
51	纹石晶簇	晴隆县	山采	晶体石	纹石
52	雄黄晶簇	思南县、六枝县、册亨县	山采	晶体石	雄黄
53	雌黄晶簇	六枝特区、册亨县	山采	晶体石	雌黄
54	自然金	天柱县	山采	晶体石	金
55	金刚石晶体	镇远县	山采	晶体石	金刚石
56	七彩石	晴隆县	山采	晶体石	褐铁矿
57	海百合	关岭县、兴义市	山采	化石	生物灰岩
58	鳍龙类	盘州市、兴义市、贵阳市青岩镇、仁怀市茅台镇	山采	化石	生物灰岩
59	鱼龙类	关岭县、兴义市、盘州市	山采	化石	生物灰岩
60	龟龙类	关岭县	山采	化石	生物灰岩
61	海龙类	关岭县	山采	化石	生物灰岩
62	原龙类	盘州市	山采	化石	生物灰岩
63	龟鳖类	关岭县、盘州市	山采	化石	生物灰岩
64	恐龙类	平坝县、大方县、息烽县、六枝特区	山采	化石	生物灰岩

（续表）

序号	石种	产地	产状	观赏类型	岩性
65	鱼类	黔西南州、盘州市、关岭县	山采	化石	生物灰岩
66	虾	黔西南州	山采	化石	生物灰岩
67	角石	省内多处	山采	化石	生物灰岩
68	菊石	省内多处	山采	化石	生物灰岩
69	珊瑚	省内多处	山采	化石	生物灰岩
70	海绵礁	省内多处	山采	化石	生物灰岩
71	双壳类	黔南州、黔西南州、六盘水市、安顺市、贵阳市	山采	化石	生物灰岩
72	腕足类	黔南州、黔西南州、六盘水市、安顺市、贵阳市	山采	化石	生物灰岩
73	三叶虫	遵义市、黔南州、黔东南州、铜仁市、六枝特区、晴隆县	山采	化石	生物泥岩
74	黔羽枝植物化石	凤冈县	山采	化石	植屑粉砂质泥岩
75	晚三叠世植物化石	安龙县	山采	化石	植屑粉砂质泥岩
76	侏罗纪硅化木	赤水市	山采	化石	硅质岩
77	遗迹化石	贵阳市、安顺市、黔南州、黔西南州	山采	化石	灰岩、含泥质灰岩
78	古石器	省内多地	洞穴	其他类观赏石	硅质岩
79	晚二叠华夏植物群、桫椤玉	六盘水、毕节市、安顺市	山采	化石	硅质岩
80	古近系被子植物	盘州市石脑村	山采	化石	碎屑岩

富的石器产出，但仅作为文物研究及保存，在博物馆作为考古文物展出，未作为观赏石进行特殊的开发利用。

（四）陨石类观赏石

近代发现的陨石有分别陨落于黔西南州安龙县的安龙陨石和贵阳市清镇陨石，均为球粒陨石。从资料上查阅到福泉县、正安县、沿河县、瓮安县和独山县麻尾等地历史上曾发生过陨石陨落事件。

二、矿物类观赏石

贵州省所产的矿物类观赏石以低温热液矿物和沉积矿物晶体为特色，分布较广，品种较多（见附录图 1）。以辰砂、辉锑矿和贵翠，以及与之共生的方解石、萤石、雄黄、雌黄、石膏等矿物晶体最受青睐。主要产于铜仁市的万山特区、黔西南州的晴隆县、毕节市的赫章县等地。还有一些方解石和石膏的晶体主要产于各地的溶洞中。贵州矿物类观赏石晶体或晶簇大多具有造型美观或色泽艳丽的特点。

另外，一些矿物类观赏石如晴隆玉（贵翠）、罗甸玉（透闪石玉）、鸡血石（含汞岩石）、猫眼石英、萤石等，都是作为工艺石的原料开发利用。

三、化石类观赏石

贵州大地埋藏并保存下来的古生物化石异常丰富且门类齐全，从地球上最古老的元古代动物化石到晚近原始人类化石俱有，堪称是一座天然的自然历史博物馆、一部内容齐全丰厚的生命史书，由此成就了贵州的化石类观赏石极具特色，成就了贵州享誉“古生物王国”之称，是一座天然的古生物化石宝库，特别是瓮安生物群、江口庙河型生物群、牛蹄塘生物群、杷榔生物群、凯里生物群、凤冈硐卡拉黔羽枝维管植物群、青岩生物群、盘县生物群、兴义生物群、关岭生物群、六班盘水和毕节的华夏植物群、盘县石脑哺乳动物群与被子植物群、盘县坪地第四系被子植物群及盘县大洞“大熊猫—剑齿象”动物群等众多的生物化石群（见附录图 1）异常珍贵，所产化石保存完好，构造和纹饰非常丰富、清晰，形态异常精美，为世界所瞩目！这些令人惊叹的化石群宝库为多门类生物进化及地球发展历史的研究提供了科学依据，为普及科学知识提供了实物例证，不论是在地质学界和古生物学界还是赏石界及收藏界都久负盛名，具有极大的影响力。

第三节
贵州省内观赏石的主要产地

贵州是山水的天下，产出多类岩石矿物和古生物化石，为各种观赏石的产出提供了极好的资源环境条件。据《贵州省观赏石资源调查及编图》成果，贵州9个市、州均有观赏石产出，目前有观赏石产出的县（市）达46个（见表2-2），总体上表现为产地多、石种多、量大、质好。其中尤以铜仁市、毕节市、黔东南州、六盘水市、安顺市、黔南州、黔西南州的观赏石种类较丰富。贵阳市和遵义市的观赏石种类发现及开发利用较少，观赏石资源潜力没有得到很好的发掘。

第四节
观赏石地质学与观赏石资源分布特征

一、西部地区

该区涵盖毕节市和六盘水市。其地质构造背景属扬子地块，地层的时代及岩性、所含化石大同小异。故所产之水石、山石、洞穴石乃至部分化石类等观赏石都有相似之处。

该区主要是晚古生代至中生代地层大面积分布区，以3.9亿—2亿年前的海相碳酸盐岩（灰岩、灰云岩、白云岩及泥灰岩等）为主，夹细碎屑岩（砂岩、粉砂岩、泥岩等）、煤及火山岩（玄武岩、凝灰岩等）。区内之岩石类观赏石，除牛栏江、北盘江、乌江上游的三岔河和六冲河等河流及其主要支流产有水石外，还产出山石、洞穴石，以及矿物类观赏石和化石类观赏石。山石以灰岩、云灰岩、灰云岩等形成的乌蒙磬石和广义墨石、黔太湖石为主，典型者如六盘水、威宁等地区的乌蒙墨石（原称乌蒙石、青石等）、乌蒙黔太湖石（原称草海石或乌蒙石、青石等）、乌蒙磬石（原也称乌蒙石）、乌蒙彩纹石及砍纹石等。

二、北部地区

该区包括遵义市和铜仁市西部。为约5亿—1亿年前的早古生代至中生代地层为主的沉积岩分布区；区内由东往西、由南向北，出露地层时代总体由老到新，由海相地层向陆相地层变化。出露的岩石岩性变化规律为从早古生代至中生代早期的碳酸盐岩（灰岩、白云岩）向中生代中晚期的砂岩、泥岩变化，化石相应地从海相生物化石向陆相生物化石变化。

表 2-2

序号	产地		石种
	市、州	县（市）	
1	铜仁市	碧江区	锦江石，朱砂、贵州鸡血石
2		务川县	萤石，朱砂、贵州鸡血石
3		万山区	朱砂、贵州鸡血石
4		沿河县	乌江石
5		德江县	乌江石
6		江口县	紫袍玉带石，国画石，锦江石，朱砂、贵州鸡血石
7	遵义市	汇川区	遵义千层石
8		红花岗区	遵义千层石
9		播州区	遵义千层石，遵义菊花石
10	毕节市	七星关区	乌蒙石，玛瑙，侏罗纪硅化木
11		威宁县	乌蒙石，玛瑙，铅锌矿，黔太湖石
12		赫章县	乌蒙石，玛瑙，铅锌矿
13		大方县	黄铁矿晶体
14		黔西县	朱砂、鸡血石，乌蒙石（乌蒙磬石、乌蒙千层石、乌蒙彩纹石）
15		织金县	黔太湖石（含园林石）
16	贵阳市	息烽县	朱砂、鸡血石
17		花溪区	三叠纪遗迹化石
18	黔东南州	剑河县	清水江石（贵州青）
19		锦屏县	清水江石（贵州青），水晶
20		天柱县	清水江石（贵州青）
21		黎平县	水晶
22		榕江县	柳江石
23		从江县	柳江石，矿物晶体（石榴子石）

（续表）

序号	产地		石种
	市、州	县（市）	
24	六盘水市	水城县	铅锌矿，北盘江石，玛瑙，都格石，萤石，重晶石，华夏植物化石，铜石，珊瑚，菊石等
25		盘州市	贵翠彩石，盘县生物群，煤精石，黄铁矿，水晶
26		六枝特区	北盘江石，墨焦石（煤精石），夜郎红，雄黄等
		钟山区	华夏植物化石，方铅矿，闪锌矿，腕足化石等
27	安顺市	西秀区	安顺蜡染石，安顺贵妃石
28		平坝县	象牙石，墨焦石（煤精石）
29		普定县	普定红梅石，普定麻子石，马场红石，马场绿石，马场铜石，硅化木（桫椤玉）
30		关岭县	关岭黔太湖石，关岭生物群
31		镇宁县	朱砂、鸡血石，重晶石
32	黔南州	瓮安县	朱砂、鸡血石
33		都匀市	（铅锌）矿物晶体
34		丹寨县	朱砂晶体、鸡血石
35		三都县	柳江石，结核石，朱砂、鸡血石
36		独山县	石炭纪珊瑚化石，（朱砂、水晶）矿物晶体
37		罗甸县	罗甸石（蒙江石），罗甸卷纹石，贵州墨石（贵州黑），罗甸玉，罗甸花斑玉，水墨玉，猫眼石
38		平塘县	平塘草花石

（续表）

序号	产地		石种
	市、州	县（市）	
39	黔西南州	普安县	北盘江石，贵翠，玛瑙，矿物晶体
40		晴隆县	北盘江石，贵翠，辉锑矿，萤石，纹石，石膏晶体，黄铁矿晶体，玛瑙，七彩石
41		兴仁县	朱砂、鸡血石
42		贞丰县	北盘江石，脊椎动物化石，爬行动物步迹
43		兴义市	南盘江石，兴义生物群，兴义黔太湖石
44		安龙县	南盘江石，安龙黔太湖石
45		册亨县	朱砂、鸡血石，雄黄，雌黄
46		望谟县	罗甸玉

区内赤水河、芙蓉江、洪渡河及乌江中下游河段流经的地区产出碳酸盐岩类、粉砂岩、砂岩类的沉积岩；岩石类观赏石往往形成产量较大的中低硬度的卵石及水冲石，以乌江石为代表的黔北水石构成了贵州丰富的水石资源地。仅在局部地段的含硅质岩地层或矿区与成矿有关的构造蚀变带附近，有可能形成小规模的高硬质卵石和水冲石。

该区化石类观赏石以三叶虫、腕足、角石、硅化木为主。矿物类观赏石有萤石和辰砂。

三、东部地区

该区系指铜仁市东部。出露地层以 8.5 亿—4.8 亿年前的新元古界和寒武系为主，出露有少量早古生代中—晚期地层。除寒武纪和震旦纪地层的石灰岩、白云岩、硅质岩、砂页岩未变质外，其余新元古代地层中的各类岩石均已不同程度受到区域浅变质作用而形成各种板岩、千枚岩、变质砂岩、变质粉砂岩、变质凝灰岩、石英岩、大理岩和绢云母片岩等。化石类观赏石有寒武系的三叶虫、震旦系含藻白云岩和元古代晚期的藻叠层石，一般未见具观赏性的化石。

清水江所产的优质水冲石——贵州青，即为新元古代的浅变质粉砂岩、粉砂质板岩所成。梵净山紫袍玉带石也是新元古代的绢云母粘板岩，其中的暗紫色板岩部分即为“紫袍”，浅白绿色变质凝灰岩即为“玉带”。

该区矿物类观赏石有萤石和辰砂，是贵州多品类观赏石资源的有利地区。

四、南部地区

该区包括黔东南州、黔西南州和黔南州南部。本区又分东、西两部分（东区及西区）。

（一）东区：主要为黔东南州范围。为贵州省古老地层主要分布区，除极少量古—中生代地层外，其余均为上元古界古老的浅变质岩、火山变质岩和硅化变质带的分布区，总体上石质较硬而细密，是产清水江石、柳江石等硬质水石的优质原岩（母岩）。清水江水系和都柳江水系的石源地区，也是产自然金、辰砂、水晶等矿物类观赏石的重点地区。

（二）西区：包括黔西南州和黔南州罗甸县，以及与桂西北接壤的地带。主要出露三叠纪早中期的海相细屑岩和碳酸盐岩地层，及部分晚古生代的碳酸盐岩夹细屑岩地层，产出丰富的化石。黔西南州三叠纪中晚期在兴义一带产有海生脊椎动物化石贵州龙、鳞齿鱼、真颚鱼、肋鳞鱼等。区内南北盘江、红水河的水石来自下中三叠系的碳酸盐岩、粉砂岩，石炭—二叠系的硅质岩、沉凝灰岩、凝灰质硅质粉砂岩及硅质团块灰岩、黑灰岩、辉绿岩等，母岩的特征直接决定了盘江石及红水河石的多样性。

相关矿区的构造蚀变带的硅化岩石也是本区的重要观赏石母岩。近年本区在罗甸—望谟乐康一带发现有软玉矿（罗甸玉）。

总而言之，正是基于贵州“沉积岩王国”“喀斯特王国”“古生物王国”的地质学特点与自然资源优势，在我国建设全面小康社会、实现中华民族伟大复兴的历史进程中，传统赏石文化的繁荣发展，充分体现了文化自信的历史渊源。盛世兴石、赏石活动的兴盛，契合了人们物质文化与精神文化生活质量不断提高的内在需求，在走进中国特色社会主义新时代的今天，终于成就了贵州观赏石王国的地位，塑造了贵州观赏石资源大省的形象。

第三章　贵州观赏石审美

观赏石审美是培育观赏石市场、发展赏石文化的核心问题，也是观赏石经济价值和文化价值的重要体现。传统的观赏石审美主要从儒、道、释天地观、文化观和美学观来阐释观赏石的美学内涵，留给我们博大精深的观赏石审美遗产。现代观赏石审美在继承优秀的传统观赏石审美观的基础上，增添了科学性与大众化的审美要素，使古老的观赏石审美焕发出与时俱进的时代光彩。这里主要是对贵州省观赏石的审美评价。

第一节　岩石类观赏石

一、乌江石

乌江石的鉴赏是现代鉴赏岩石类观赏石的典型代表，它在形、质、色、纹、韵五个方面都达到了至善至美的程度：其“形”风姿翩翩，惟妙惟肖，仪态万千；其“质”坚硬致密，细腻温润，玉质感强；其“色”清淡柔和，含蓄蕴藉，不张不狂；其“纹”粗细各别，分布均匀，变化多端；其“韵”内秀外敛，经久耐看，韵味悠长，给观赏者以丰厚的文化内涵和审美期待。

在鉴赏乌江石过程中，赏家将其特点归纳成“形端”“质佳”“色正”“纹巧”和“韵长”十个字。

乌江石石面有三种基本色调：绿、黄、白。

“绿”是乌江石的母色。乌江石中所有的缤纷的石纹在绿的映衬下尽情地演绎：鲜嫩清丽的草绿，以欣欣向荣的姿态，显示着自己蓬勃的朝气；平淡素雅的灰绿虽带灰显暗，却从不晦涩；沉静厚重的墨绿，可以沉淀观者浮躁的情绪。人们说，乌江石的绿，绿得优雅，绿得智慧，它把所有其他色彩和石纹都平心静气地协调在了石面上，而不是那种生硬的约束。乌江石的绿用它的温情和慈爱，有条不紊地组织着各种色彩和纹理的综合元素。因而，乌江石的绿是一个情感丰富的组织者。从这种意义上说，它绝不逊色于彩陶石的绿。

“黄”是乌江石中的巧色，有古铜黄、金黄和鹅黄之别。“古铜黄”深沉老古，包浆纯厚，充满了古韵；“金黄”灿烂而鲜艳，具很高的明艳度，在绿色的背景色上特别耀眼；“鹅黄”柔软温润，和拍着纹线优雅地在石面上轻旋曼舞。

“白”是一种瓷白，在绿色的背景色上浮起，不仅玉透晶莹，而且常常在石肤上伴着乌江石纵横交错的冰裂纹线，透出淡淡的瓷韵。

乌江石质地坚硬，成型难度较大，难得一见观赏价值相当高的乌江石造型石。乌江石一般以图纹石为多，颜色以黑白为主，少见红、黄、绿色者，构成图案有人物和花鸟、虫鱼等，形态惟妙惟肖，天然成趣；颜色意境兼备者鉴赏价值最高。

二、罗甸石

罗甸县位于贵州省南部，毗邻广西红水河的上游河段，它所产的石种及其一级支流蒙江水系的水冲石类观赏石，常统称为罗甸石（或蒙江石）。

罗甸石的原岩为石炭纪—二叠纪半深海相的深色调泥晶灰岩、燧石灰岩、泥灰岩和少量粉砂质泥岩等。硬度为摩氏 4—6，间或也有硬达 6—7.5 的；特别是有不同硬度的条带或团块相间而存时，便会形成独具个性的罗甸石。

罗甸石的质地细腻、坚硬，石皮柔润滑爽，色调与乌江石、清水江石同属于冷色系色调，众多的纹理形成了画面结构多变的图形和图案；以上特点构成了素雅端庄而不失变化的罗甸石的鉴赏要领。

黑珍珠是罗甸石中造型石的典型石种。它质地细腻，皮色光润，水洗度高至极高，颜色深黑，黑得锃亮，甚至达到光润如玉的程度，细腻如脂，光彩照人。黑珍珠主要产于龙坪镇把坎、里冗、王汝一带，这种石头深黑如漆，通体无一丝杂色。若凝神久赏，会觉得这润黑之中涌动着一种生命、一种神秘，绝非任何一种人工的黑色可比拟。其色多老道苍古，幽深凝重，有一种历史积淀感，为众多石玩者尤其是艺术型人士所珍爱。

卷纹石是罗甸石中图纹石的代表性石种。它质地坚硬，石形饱满，石肤润滑，以及铁黑主色当家的古朴沧桑等方面显示罗甸石基本特征的基础上，以丰富的纹理组合造型——卷纹特征，呈现罗甸石的纹理之美：它的平纹、凹纹、凸纹和叠纹从不同方向缠卷弯曲，似风卷云团、浪戏流水般以强力的苍劲、万千的姿韵和一种特殊的美感，给人强烈的视觉冲击，也为鉴赏者提供了广阔的遐想空间。

浮雕石特点是造型与图纹兼备，是造型石基础上具有变幻的浮雕图纹。它是质地硬软相间的母岩在风化、溶蚀过程中的产物：或显龙蛇翻飞的花纹，或呈浮雕状的图案和文字，在黑色和暗灰色背景的烘托下，使人联想到新石器时代的石画或古罗马时期的石雕。

三、贵州青

“贵州青”有广义与狭义之分。广义的“贵州青”，即为清水江石；狭义的“贵州青”，是清水江石之中的一个亚种。

贵州青产于天柱县清水江峡谷河段中。其石质细腻，石肤润滑，显古朴的深绿色，纹理色带清晰，线条简洁，外形变化奇特，有的具陶瓷韵味，适宜做家庭观赏及园林缀石。贵州青为水冲卵石，其成因比较复杂，由原岩（石英粉砂岩、浅变质粉砂岩、粉砂质板岩等）经漫长的风化碎落河中，经江水长距离搬运和冲刷而成。

贵州青的鉴赏特征为：颜色清淡素雅，质地坚硬细腻，石肤滑润，岩石组构复杂多样；其中图纹石的色彩和组构多变，极具观赏性；岩石造型石也变化多端，造型生动流畅，在丰富的色彩变化和彩瓷韵味的配合下，观赏者能获得其他石种中未能所见的出奇制胜效果。以上特点使之成为贵州所有石种中最早引起石界青睐的一个石种。

清水江石在以绿色、青绿色为主色调的基础上，常常出现青灰色、墨色、灰白色和紫色等多种色彩的斑块状组构。

研究表明，清水江流经地区大部为元古代深海浊流（滑坡）沉积岩，受浅变质作用影响极大；原岩颗粒细腻，硅化强烈，成分多变，组构复杂，加上在江水中长期的风化和搬运过程，往往形成独特的指甲纹构造。

四、盘江石

盘江石系黔西南州境内南北盘江及其支流河床中的观赏石。原岩多为粉砂岩和钙质粉砂岩，摩氏硬度 4—5，硬度适中，经江水常年搬运、冲击、滚动、碰撞和磨蚀，形成形神兼优的盘江水冲石；色调以深灰为主，兼有浅绿、淡绿、土黄、红褐、墨等色，古朴优雅，石皮光滑圆润，加之外形千姿百态，给人以淡雅平和、宁静自然的感觉。

盘江观赏石以景观石、象形石、瀑布石、抽象石为主。观石类型丰富，或雄奇俊秀，或深邃幽远，让人如临其境，遐思悠悠；象形石如人物，像动物，似静物，造型生动，神韵十足，栩栩如生；抽象石奇特朦胧，超凡脱俗，尤其是水冲石中充填的石英、方解石脉，形成世上少有的“瀑布石”，有轰然而下的大瀑，也有涓涓而下的小瀑，犹如鬼斧神工之作。南北盘江支流百余条，由于河床落差大，水流湍急，遂孕育出千姿百态、丰富多彩的盘江观赏石。

盘江石的原岩主要为晚古生代浅海相的沉积岩，包括浅灰色—深灰色灰岩、泥质灰岩、泥质粉砂岩、硅质灰岩，灰褐色构造热液蚀变岩、硅质岩，灰绿色及墨绿色玄武岩、辉绿岩等。硬度多为摩氏三四度左右，少数有硅化的原岩和火成岩（玄武岩、辉绿岩）的硬度在摩氏 6—7。

五、马场石

马场石一般小巧玲珑，加上质地致密，颜色多样，色泽艳丽，基本上达到了“人见人爱”的程度。其中的水冲石水洗度甚佳，石皮光滑如琉，石体质感细腻如玉，透射出浓浓的珠光宝气。

马场石在两个方面一改贵州省观赏石的整体形象：一是中小型的马场石与中型或大型的贵州青、乌江石等石种相比，只能是个娇小的“小妹妹”；二是在石体的主色调方面，“小妹妹”鲜艳热烈的红色、黄色色调，一改“大哥哥”的青色、灰色、绿色恬静质朴的“服饰”，显得娇艳而活泼。如果把它们布置在一个展厅，或者集中在一本《石谱》中，就能满足观赏者各种不同的审美取向。

马场石的颜色以红、黄、褐最为耀眼夺目，也有绿、灰和杂色者，其中每种颜色又有深浅变化的过渡色，以及不同颜色间或出现的规律。

部分马场石的细平纹、卷纹、波状纹、带状纹、斑块纹等纹理也很招人喜欢，其中造型优美者更是形、质、色、纹俱佳的精品。

马场石的硅化程度较高，质地较硬，硬度多在摩氏 6—7.5。原岩的岩性和产出层位尚不明。目前所知，有硅质岩、硅化粉砂岩、硅化泥岩、硅化灰岩、硅化角砾岩等蚀变沉积岩。

六、乌蒙石

乌蒙石的整体特征是，它集标准的皱、透、漏、瘦中华传统石文化鉴赏特征于一身：外廓线条柔美，石体柔曲起伏，造型变幻多端，有盘虬、嵯峨、弧悬、藤蔓等奇异造型；整个石体多孔洞且透漏相连，是可与英石、太湖石相媲美的新石种。不过在不同地区，依据不同个体石体的颜色、层纹、质地的纯净程度的差异，可细分出乌蒙磬石、乌蒙太湖石、乌蒙墨石、乌蒙彩石和乌蒙千层石等亚种。

以上各亚种观赏石独具特色，乌蒙磬石由于石质纯净、坚硬且矿物结晶细腻，粒度均匀，击之能发出清脆悦耳之声，可与灵璧磬石相媲美。由于颜色的变化，深灰色和黑色者称为乌蒙墨石，颜色呈灰色、浅灰色或灰白色者称为乌蒙青石。如果为红、黄等色的原岩灰岩风化而成，则成为乌蒙彩石，甚或形成乌蒙红石。那些主要由细密水平层理的薄层至中厚层灰岩溶蚀而成的乌蒙石，则显示纹理上的变化，称为乌蒙千层石。其中厚层的层理石，形态与武陵石相似。

七、铜石

又称夜郎铜石、古铜石，产于安顺市普定县三叉河流域马场，以及斯拉河、南盘江、北盘江、红水河、清水江、乌江等冲积物中。这一石种以其色酷似古铜而得名，产地几乎遍布全省，但以马场一带所产的品质最佳。夜郎铜石质地坚硬，硬度为摩氏 4—6，呈古铜色，有黄铜、紫铜、红铜之分，其中以红铜色少见。石上肌理凸凹纵横；包块、沟槽、圈点自然天成，构成似敦煌壁画、摩崖石刻，或风卷云涌、惊涛骇浪等意境，图案多变，古朴典雅。形状千姿百态，象形、似物，变幻无穷，具有紫砂之雅和青铜之韵，肌理独特，产量稀少，一盈一握，适宜手玩、手盘，切忌油养。包浆老到，无限禅机，令人心驰神迷。

第二节
矿物类观赏石

贵州省以低温矿物为特色的矿物类观赏石种类繁多、资源丰富，有辰砂、辉钼矿、贵翠、水晶和猫眼石，以及分布颇广的石英、方解石、石膏、黄铁矿、雄黄、雌黄、萤石、重晶石、孔雀石、蓝孔雀石等。

从矿物种类而言，辰砂、辉锑矿、石膏、方解石和冰洲石在全国首屈一指，是历史悠久的主打品牌。特别是产于素有“汞都”之称铜仁的辰砂，在全国久负盛名！

从鉴赏的角度而言，以上矿物类观赏石晶形优美，颜色鲜艳，形态奇异，组合奇巧，为石界所称道。

辰砂是典型的低温热液成因矿物，它那鲜艳的朱红、猩红色是“矿物颜色表”中的头名状元！配上纯正的质地和金刚石似的金刚光泽，更显得雍容华贵而讨人喜欢。辰砂的把玩和鉴赏可以从晶体形态、表面晶纹、透明度、光泽、解理和断口，以及与其他矿物组合等诸方面入手。但凡值得收藏和赏玩的辰砂，必须具备晶形完好、形态优美、颜色鲜艳等特征。晶形完好是指晶面、晶棱平直，且完好无损；形态优美是指不仅个体的晶形规整，而且与主矿物辰砂之间的组合、分布和搭配得当，辰砂的红色与无色透明的石英及白色、浅黄色的方解石搭配相映成趣。

一枚质地温润、形态奇巧的辰砂观赏石，红、白、黄相互辉映，艳丽夺目，银浪似的透亮石英晶簇上点缀着红色的晶体，构成“玉树琼花”“晚霞雪照”“晶宫藏宝”“东海旭日”等图景，更让人心花怒放，不禁喜上心头。

同样是低温热液成因的辉锑矿，常常是辰砂、石英、雄黄、雌黄等矿物的“同胞异性”孪生体。辉锑矿以长柱状晶体的放射状集合体为主要鉴赏特征，加上铅灰色和暗蓝锖色的柱面与其他共生矿物搭配，犹如亭亭玉立而绽放的花朵，岂不令人心旷神怡哉！

贵州省多地出产各种产状的石膏。20 世纪 70 年代晴隆县大厂发现的石膏晶洞，以其从未面世的结晶形态和多彩造型，曾轰动矿物学界和观赏石界。这个溶洞里的石膏突破了自己固有的板状和纤维状结晶习性，变化出石膏钟乳、石膏幔、石膏晶柱和石膏笋，甚至出现卷曲状晶花和齿状晶簇。

在贵州这个低温地球化学省里，除了上述几种低温成因的矿物外，还有与之共生的石英、方解石、冰洲石、重晶石，中低温矿物萤石、黄铁矿、雄黄、雌黄，以及氧化带中的异极矿，等等。它们共生组合在一起，既形成了多种矿物共生组合类型，也大大丰富了矿物类观赏石的文化内涵。

第三节
化石类观赏石

贵州省素有“古生物化石王国”之称。所发掘的古生物化石，特别是中生代的海相古生物化石在全国首屈一指。因为自晚元古宙的震旦纪早期一直到中生代三叠纪的地层，全省范围内保持了长期而稳定的沉降，沉积了一大套巨厚的有利于保存化石的石灰岩和页岩。

按照《观赏石鉴评》国标的规定，化石的形态、品种、品相和修复是其观赏要点；具体反映在所观赏化石的形态美、体态美、纹饰美和（古）生态美等方面。

贵州省发现的最老的化石是产于梵净山群的疑源类，距今约 8.7 亿年。而发现最老的动物化石当数剖面距今约 6 亿年前的瓮安生物群化石，不过在观赏性方面它们略逊一筹；其他如古生代的三叶虫、海绵、始海百合、珊瑚、腕足等和中生代的海生爬行类、鱼类以及海百合等化石，都极具观赏性。其中以中生代晚期的海生爬行类化石最为珍贵。

贵州省产出的海生爬行类化石包括鱼龙类、鳍龙类、海龙类和楯齿龙类。

鱼龙类有混鱼龙、萨斯特鱼龙、关岭鱼龙、黔鱼龙和典型鱼龙等。其中有身长 6 米以上的大型鱼龙，如邓氏贵州鱼龙、梁氏关岭鱼龙、蔡胡氏典型鱼龙等，已发现最大的鱼龙身长达 12 米；中等体型者（如周氏黔鱼龙、关岭混鱼龙等）一般身长都一两米以上。

鳍龙类有幻龙类和肿肋龙类。其中属于肿肋龙类的贵州龙是亚洲发现最早的种属，也是我国发现最早、研究历史最长、个体数量最多的海生爬行动物化石。

海龙类有孙氏新铺龙、黄氏新中国龙、朱氏瓦窑龙、美丽瓦窑龙、黄果树安顺龙等。

楯齿龙类有多板砾甲龟龙、新铺中国豆齿龙几小型龟龙等。

也许有人会问，为什么贵州龙化石这样受到赏石界的青睐？

答案不外有二：一是在它们生活的年代，中国大陆地壳整体处于上升状态，刚刚拼合不久的中国板块中，海水正在逐渐被赶出大陆，唯独在西南地区，即从现在的贵州兴义一带，经云南、西藏而横贯欧亚大陆南部，一直到现今的地中海地区，存在一个地质历史上著名的特提斯海。贵州产出的贵州龙生物群，就是在这样的特异环境下生活、埋藏和保存下来的。这种“硕果独存”的石海奇珍，自然是人们最为珍惜的。二是这些保存完好、个体完整的贵州龙化石，颇具自身的一些引人注目的特点：体态小巧玲珑，形象栩栩如生，时而独居，时而群居，记录了当时和谐、优美的浅海环境，自然就招人喜爱了。

海百合是关岭生物群中极具特色的一种古生物，它们的个体数量众多，保存完整，形态极为多样而优美，群居成为百花园中绽放的花朵。

此外，遵义凤冈县的“黔羽枝”、六盘水和毕节的华夏植物群、盘州石脑的哺乳动物群和被子植物群、盘州坪地第四系被子植物群，以及盘州大洞“大熊猫—剑齿象”动物群等化石群，也是贵州独具特色的重要观赏石资源。

第四节
工艺石类观赏石

在观赏石大家族中，人们把自然天成的美石和丑石统称为奇石，把人工磨琢的美石叫作玉石，也可称之为工艺石。两者的差异似乎只在一念之间。

一、紫袍玉带

产于铜仁市。属绢云母千枚岩夹班脱岩化凝灰岩，其矿物成分主要为绢云母、绿泥石、金红石、电气石，还含有钛、铁、铅、铬等多种元素。物性稳定，雕刻性能好，加工抛光后具有柔和的丝绢光泽，色彩俏丽动人，古朴典雅，可用于雕制座屏、砚池、墨盒、印章等，其制作历史约早于清代。

紫袍玉带石以稳沉的紫色为主，绿条相间，同时伴有橘红、白等色。中华传统文化以紫色为吉祥之色——所谓“紫气东来”，“大红大紫”又是民俗文化所宠爱的色彩，寄托着希望和未来之意，正所谓大红大发，红红火火，吉祥如意。

紫袍玉带石层次分明，手感细腻柔润，色泽自然和谐，密度高，耐酸碱，硬度适中，雕刻性能好，形态多样，各具特色，并含有能促进人体健康的多种微量元素。

紫袍玉带石产于武陵山脉梵净山区，成岩年龄约 8.1 亿年。梵净山区东段的石质硬度较高，色泽沉暗，愈往西色泽愈艳丽，质地则较东段稍软。为保护资源，目前已采取限量开采措施。

二、贵 翠

又称晴隆玉，产于晴隆县大厂一带。它是一种含有绿色高岭石的细粒石英岩，质地较细，色鲜艳，高岭石的鳞片不太明显，分布不均匀，所以多呈颜色分布不均匀的带状色调的淡绿色，肉眼观察很像劣质的翡翠。它的蓝绿色调独具一格，可作为工艺石雕件，或作为图纹石观赏。遗憾的是在干燥环境中颜色会褪去。

三、罗甸玉

罗甸玉“有贵州和田玉”之称，产于罗甸县。含一定量的透闪石，属于优质的软玉。罗甸玉以山料为主，颜色白中带灰，部分纯白色，少量淡绿色，极少有黄色。市场也有带皮的一款约 100 斤重籽料，但其内部颜色、结构、润度无法看到。对于山料感观为光度好，油润度不够，表面干涩。经加工后雕件成品事看，白度尚可，有骨瓷感。透明度稍差由透光度弥补，抛光后有油润感。

四、桫椤玉

桫椤玉为二叠纪“树蕨”类化石形成的硅化木，与恐龙的主要食物——桫椤为同类植物，主要成分为二氧化硅，硬度达摩氏 7 或以上，维管束和气生根形态保存完好，树管纹理特征明显。具有较好的玉质感。多数具有玛瑙特征。产量稀少，兼具宝石、奇石等多重审美价值。

五、六枝夜郎红

产于六枝特区化处镇和西戛乡。硬度为摩氏 5—7，为含有高价铁元素的（细晶或隐晶质）石英岩，部分含有少量的汞、锰、铬等元素。不透明至半透明。色彩丰富，以红色为主，还有黄色、绿色、青色等多种色彩。红色有鲜红、绛红、大红、柿子红等，有玻璃地、黄蜡地、牛角地、桃花地、刘关张等地种。纹理多变，色彩多呈块状、条带状、血滴状、桃花状，经打磨、切削、抛光后可现玻璃光泽，颜色多变，层次感强。部分上品呈半透明状，冻地多样，血色鲜活，自然而灵动，画面栩栩如生，兼有观赏石、把玩石和工艺石之功效。

六、三都鸡血石

产于三都县，是近几年来才发现的新石种。原石为汞矿之围岩，即汞品位一般较低的等外矿，因颜色鲜红艳丽，拟具观赏石和半宝玉石之价值。目前已发现的种类有“雪里红（梅花血）”“冰裂红”“飘皮红”“条血”和“块血”等亚类。本石种可视为优良工艺石材料。

除上述几种外，贵州威宁、水城的玛瑙，赫章的叶腊石，盘州的肉色腊石等，也具一定开发价值，今后需予以重视。

第五节
陨 石

贵州发生过几次有记载的陨石事件，形成了相应的贵州陨石、安龙陨石、清镇陨石、花溪陨石等。虽然数量不多，但科学意义重大。贵州不但有为数不少的民间陨石“发烧友”，还有全国最权威的陨石研究机构——中国科学院地球化学研究所，其学术水平一直处于中国陨石研究的高端与前沿。2017 年，贵州省观赏石协会根据中国观赏石国家鉴评标准，设立了贵州省观赏石协会陨石专业委员会，积极推动了贵州陨石研究与科普的发展。

第四章 贵州观赏石地标石

所谓地标石，就是指具有一定旅游审美价值、人文历史价值及地标性质、不可移动的大型天然观赏石。如国内著名的长江三峡神女峰、中岳嵩山启母石、云南石林阿诗玛及广东丹霞的元阳石等。

地标石是近年来观赏石大家族中增添的一位新成员。

从实用和审美的角度来看，传统观赏石分类中，一般只分为大型的园林石、便于陈列的厅堂石、极具个人雅趣的书斋石及小巧玲珑的把玩石等几类。

地标石是在当今传统赏石文化不断繁荣、兴旺的社会条件下，观赏石与旅游产业融合发展形成的观赏石新品种与新类型。

地标石具有造型独特、体量宏大、内涵丰富、历史久远、地域性强、关注度高等特点。很多地标石往往具有一石成景、以石兴寺、化石为典、借石为用，甚至石成图腾的魅力，对当地人文历史、民族风情、旅游开发具有重要作用和影响。

贵州省观赏石协会在编写《贵州石谱》过程中，以开拓创新的精神，在国内首次将“地标石”列入《贵州石谱》的一个赏石类别，使其正式登上观赏石的大雅之堂，进一步丰富了贵州赏石文化的品种与内涵，突出了《贵州石谱》的地域特色与创新价值。

梵净山蘑菇石

铜仁市

蘑菇石地处贵州省铜仁市江口、印江、松桃三县交界的武陵山主峰——梵净山顶脊，海拔2400米左右。地层系7亿年前晚远古代梵净山群浅变质岩，由风化、侵蚀后残留的层积岩所成，其中第四纪冰川冻胀、卸荷崩裂作用很独特、近地质风化形成的石柱群遗迹，蘑菇石是其中最高、最大、最有代表性的石柱。

梵净山蘑菇石高约20米，由上、下两块巨石相叠构成，下小而上大，状如蘑菇，柄冠分明，故名蘑菇石，既像天上飞来之物，也似地下生长而出，傲然矗立着。梵净山蘑菇石是贵州著名的地标性观赏石。

九天母石

遵义市

洪渡河峡谷中一处碧水环绕的凸岸上，高高耸立着一簇挺拔峻峭的丹霞锥锋，山灵水秀的自然风光独具诱人的魅力。锥锋簇高 150 米—200 米，面积约 30000 平方米。三个灰黑色的尖峭锥峰若合若离，恍若天外来物高悬在深邃峡谷的上方，神奇怪异的山光水色充满神秘色彩，仡佬族先民将其视之为始祖的诞生地——九天母石。

九天母石体量高大，石峰俊秀，随观赏角度不同其形状各异。锥峰间有试心崖、必应石、福音鼓、击运钟、天梯、恐怖谷、平安凼、一线天等妙趣横生的景点。九天母石现已成为仡佬族祭天朝祖的圣地，每逢濮王生日，或逢年过节、其他喜事，祭祀活动热闹非凡、庄重古朴。

织金洞
毕节市织金县

织金洞位于毕节市织金县官寨乡，银雨树是织金洞最美、最奇、最有影响的喀斯特景观，被誉为“地球球宝”。银雨树高17米，形成年龄约15万年，经历了多种、多期流水溶蚀作用的塑造、雕刻、重结晶而成。鬼斧神工，自然造化。其精美的形态，如柱，如塔，又如笋。亭亭玉立之态，孤傲脱俗之质，令天下游人叹为观止。

天生桥

六盘水市水城县

天生桥位于六盘水市水城县金盆苗族彝族乡干河。桥属晚古生代石灰岩地层。系地下河洞穴坍塌残留洞段，桥高达135米，跨度60米，顶拱厚15米，桥面长30米。据中外岩溶地质学家考证，水城天生桥为世界最高的可行驶汽车的公路天生桥。天生桥两岸全系悬崖绝壁，四周分布着暗河和溶洞，深箐密林构成了天生桥奇特的生态旅游环境，是贵州乌蒙山国家地质公园核心景观。

掌布藏字石

黔南州平塘县

掌布藏字石位于黔南州平塘县掌布乡一山谷之中，系古生代二叠系石灰岩地层。藏字石为一重力自然坠落的巨形岩石，有数百吨之重。巨石从数十米的悬崖坠落，摔在山谷中，一分为二，在其断裂面上，凸现出“中国共产党”5个介于形似与神似之间的汉字，名噪一时，震动全国。并因此石之奇而创建了贵州平塘国家地质公园，成为闻名遐迩的红色奇石地标。

巢凤石

清镇市

巢凤石位于清镇东山之上，明朝初年，有云游高僧因山顶有一奇石，形如一只蹲在巢穴中的凤凰而筑寺得名，称为“巢凤寺”。巢凤寺周边风景秀丽，古柏参天，树木葱茏，特别是在晨曦初上、夕阳西下时，景色如画。该寺几经毁坏和重修，现在盛世兴庙，重建规模宏大，闻名四方，香火日旺。巢凤石实为因石而兴建庙，因庙而名石的典范。

双乳峰

黔西南州贞丰县

天下奇观“双乳峰”位于贵州省贞丰县城境内，离县城9千米，处于贞丰—贵阳的公路干线上。占地40公顷，海拔1265.8米，相对高度261.8多米。两座兀立的石峰形同女性丰满的双乳，且逼真得让女人看了脸红，男人看了心跳，被当地布依族称为“圣母峰”，被世人誉为“天下第一奇峰”。

红岩碑

安顺市关岭县

被誉为“红崖天书”。位于关岭自治县断桥镇龙朝村晒甲山上。属摩崖类。距关岭县城约 15 千米。年代不详。但对于红岩碑的研究，自明嘉靖年间邵元善《红岩》诗始，距今有几百年历史。1982 年被贵州省人民政府公布为第一批省级重点文物保护单位。

晒甲山上半部一大片天然红色岩壁上，有形似文字之深红色古迹，人称“红岩碑”。非镌非刻，非阳非阴，若篆若隶，古朴浑成；大者如斗，小者如升，排列不整，错落参差。共有八行，第一行三字，第二行四字，第三行二字，第四行三字，第五行三字，第六行三字，第七行四字，第八行三字，共二十五字。清代以来，中外学者多次研究终无定论。一说是诸葛亮南征的遗迹；一说是殷高宗伐鬼方的记功碑；一说是大禹治水的遗迹；一说是苗族、夷族文字；另一说是外星人留下的遗迹。现代史学界认为与夜郎文化有关。民国《贵州通志》“金石篇”记载有清代摹本四种，其中翟鸿锡摹本与红崖古迹大致相同，仅“虎字”为清光绪年间徐印川所书。现存只十九字，由于自然和人为的原因，字迹已模糊不清。红崖古迹至今仍是难解千古之谜，这正是其珍贵之处和价值所在。

香炉山

黔东南州凯里市

香炉山位于贵州省黔东南州凯里市西北15千米处，四面石崖绝壁，形如香炉，故名。仅一线小道盘旋而上，方圆15平方千米，众山环列，若剑戟刺天。山上杂花丛树，修篁茂密，云雾缭绕。有肥田沃土，深井细流；有古代营盘、寺庙和南天门遗址；有反映起义故事和民间传说的遗迹。

每年农历的六月十九日，周围二三十里的苗族人民云集于此，举行传统“爬山节”活动，老年人多往山顶观光及祈神，盛装打扮的青年男女，或用芦笙伴奏，翩翩起舞，或席地相向，吟咏传说故事，歌唱友谊和爱情。节日期间，香炉山镇边的大小山坡上，经常举办各种跳芦笙、对歌、斗牛等活动，使静寂的青山顿时成为欢腾的闹市、歌舞的海洋。相沿已久，香炉山成为苗族人民缅怀民族英雄和憧憬幸福生活的名山。

第五章

贵州精品石图谱

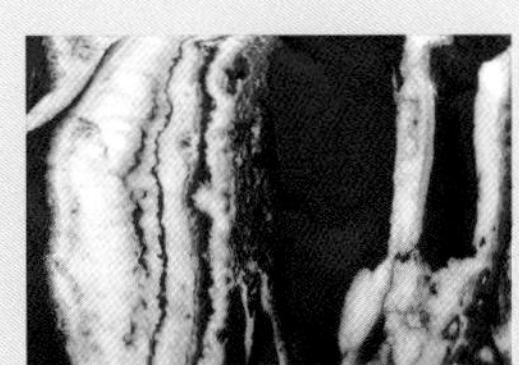

1 岩石类

2 矿晶类

3 古生物类

4 特色工艺石类

1 岩石类

北京奥运（乌江石）

春江水暖（乌江石）

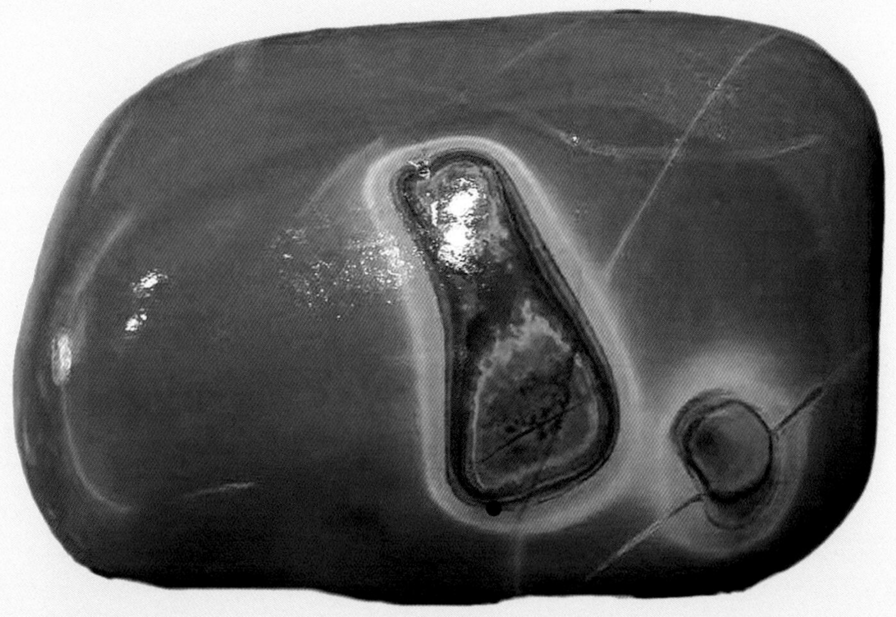

点石成金（乌江石）

福星（乌江石）

金色旋律（乌江石）

飞黄腾达（乌江石）

金蟾献瑞（乌江石）

满文传奇（乌江石）

瓜熟蒂落（乌江石）

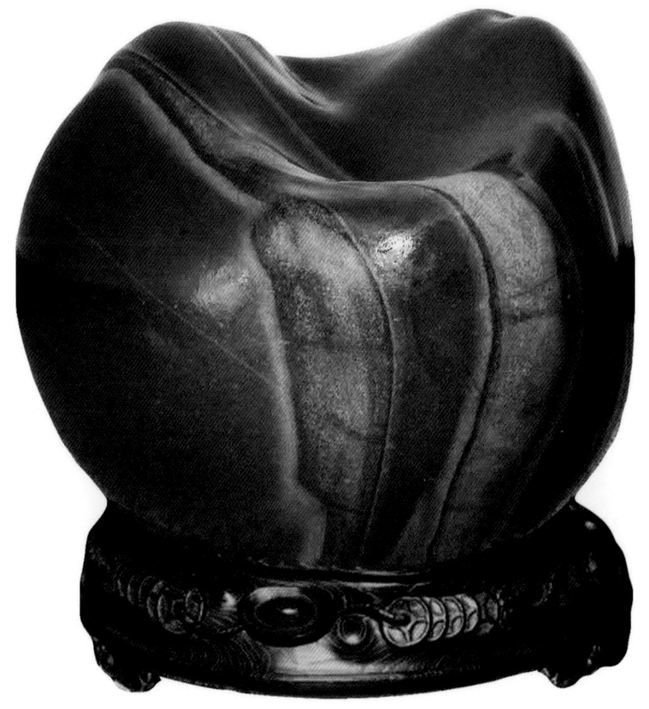

聚宝盆（乌江石）

天赐（乌江石）

拜（乌江石）

汲水（乌江石）

酒坛（乌江石）

国色天香（乌江石）

五岳之巅（乌江石）

长寿（乌江石）

凌寒独秀（乌江石）

破坛（乌江石）

军魂（乌江石）

鹤翔九天（乌江石）

天玺（乌江石）

江山（乌江石）

野趣（乌江石）

目中无物（乌江石）

企盼（乌江石）

板桥遗风（乌江石）

云光说法（乌江石）

大山（罗甸石）

禅味一茶（罗甸石）

神秘浮雕（罗甸石）

大贵州滩（罗甸石）

黑珍珠（罗甸石）

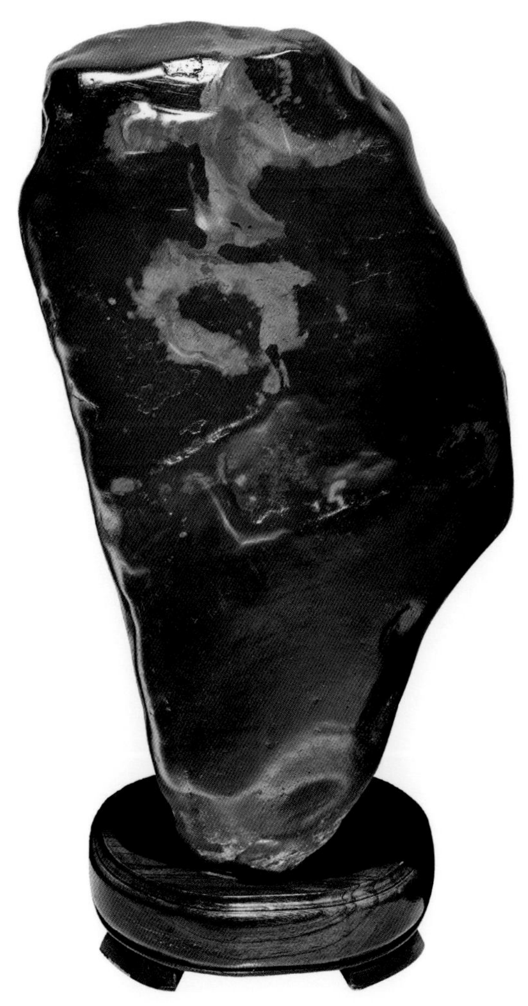

大吉（罗甸石）

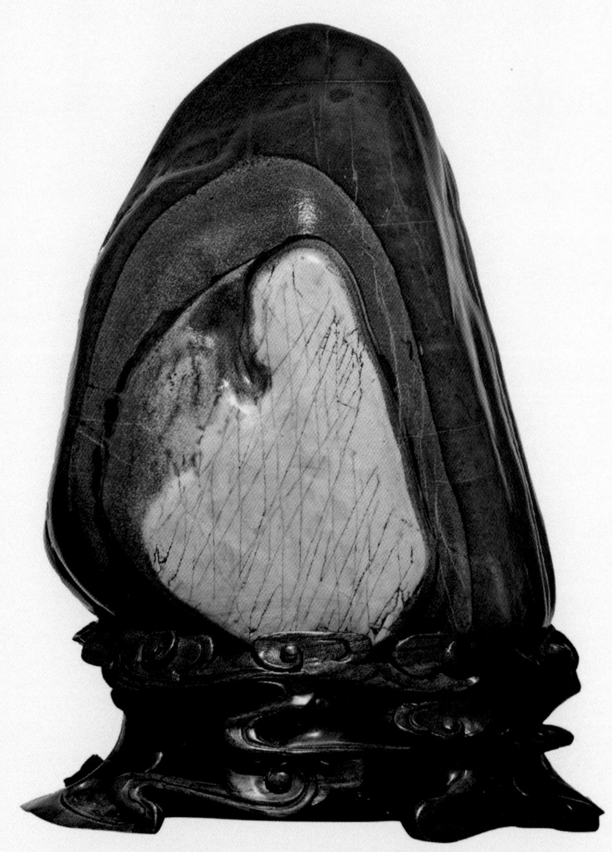

禅修（罗甸石）

天兵天将（罗甸石）

望眼欲穿（罗甸石）

精雕细刻（罗甸石）

两重天（罗甸石）

铁布衫（罗甸石）

探望（罗甸石）

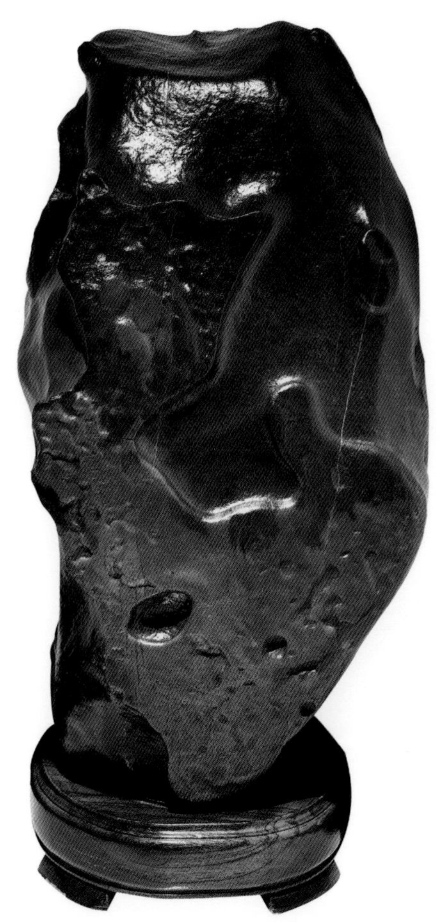

青陶器（罗甸石）

日食（罗甸石）

金山银山（罗甸石）

金镶玉（罗甸石）

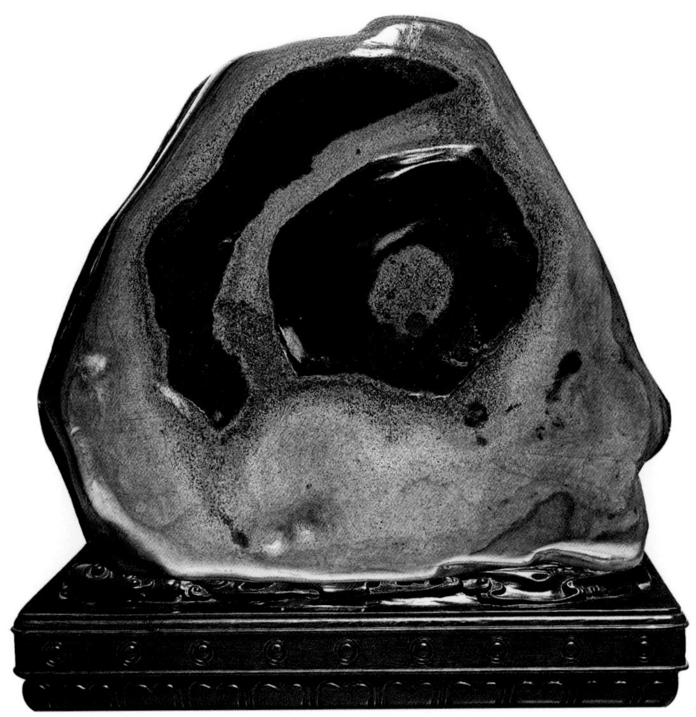

石来运转（罗甸石）

虚怀大肚（罗甸石）

玉朱雀（罗甸石）

天坑（贵州青）

青峰峻岭（贵州青）

锦绣高原（贵州青）

灵猴捞月（贵州青）

鱼（贵州青）

醉苗乡（贵州青）

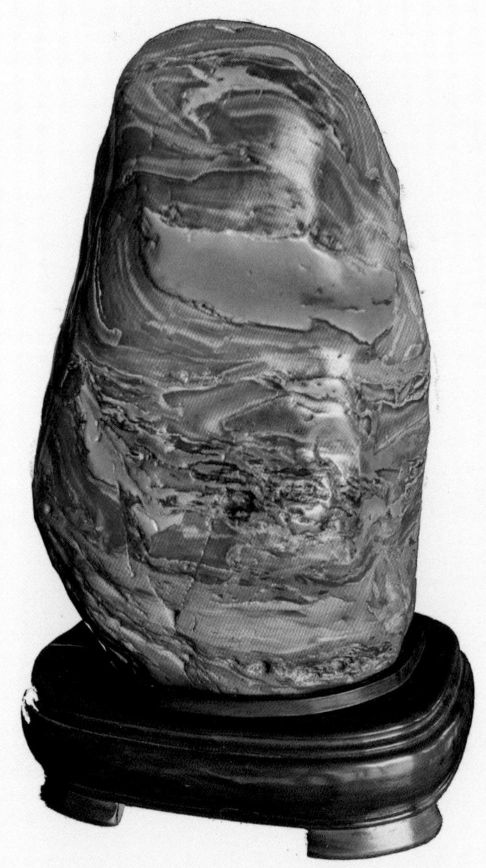

金龙鱼（贵州青）

龙砚（贵州青）

苗岭梯田（贵州青）

清水江畔（贵州青）

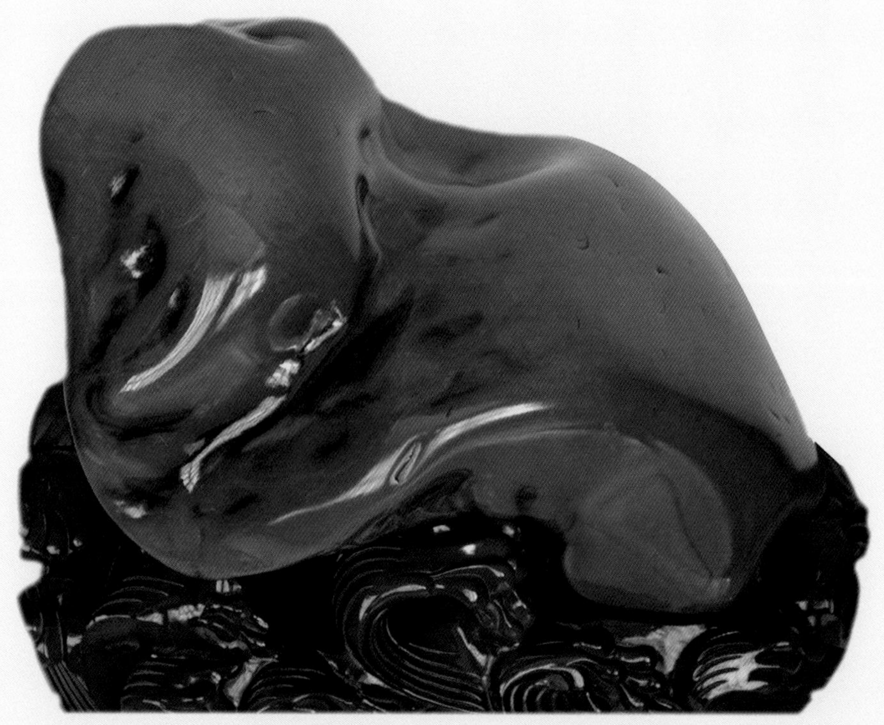

石精灵（贵州青）

韵纹（贵州青）

珠圆玉润（贵州青）

飞珠溅玉（盘江石）

一枝独秀（盘江石）

声震山岳（盘江石）

轮回（盘江石）

匹练飞空（盘江石）

梵净神峰（盘江石）

听泉（盘江石）

春江水暖（盘江石）

地泉汹涌（盘江石）

红绣球（盘江石）

莫高窟（盘江石）

罗汉堂（盘江石）

赤壁玉脉（马场石）

火焰山（马场石）

金秋季节（马场石）

金色袈裟（马场石）

玛瑙与翡翠（马场石）

熊熊火炬（马场石）

阳崖流韵（马场石）

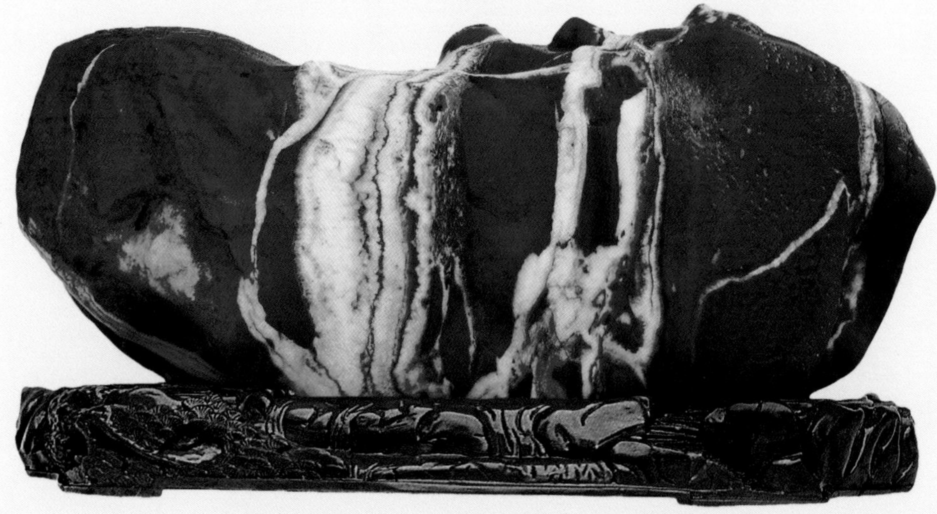

黄果树瀑布（马场石）

宏图华构（马场石）

翠峰飞红（马场石）

傩神（马场石）

天瀑（马场石）

红狐戏绿鹦（马场石）

睥睨天下（阴河石）

风姿（阴河石）

河马（阴河石）

雁归来（阴河石）

有凤来仪（阴河石）

麒麟（乌蒙磬石）

斗鸡（乌蒙磬石）

凤栖（乌蒙罄石）

美人鱼（乌蒙磬石）

翘首（乌蒙磬石）

云崖（乌蒙磬石）

神马（乌蒙石）

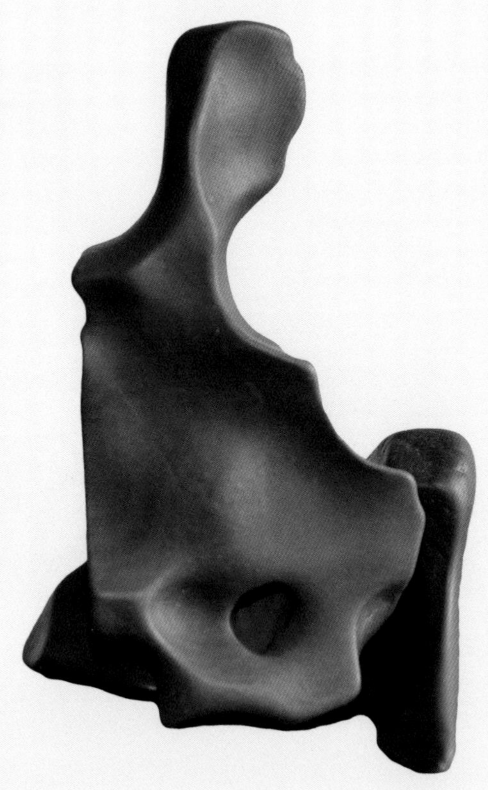

思想者（乌蒙石）

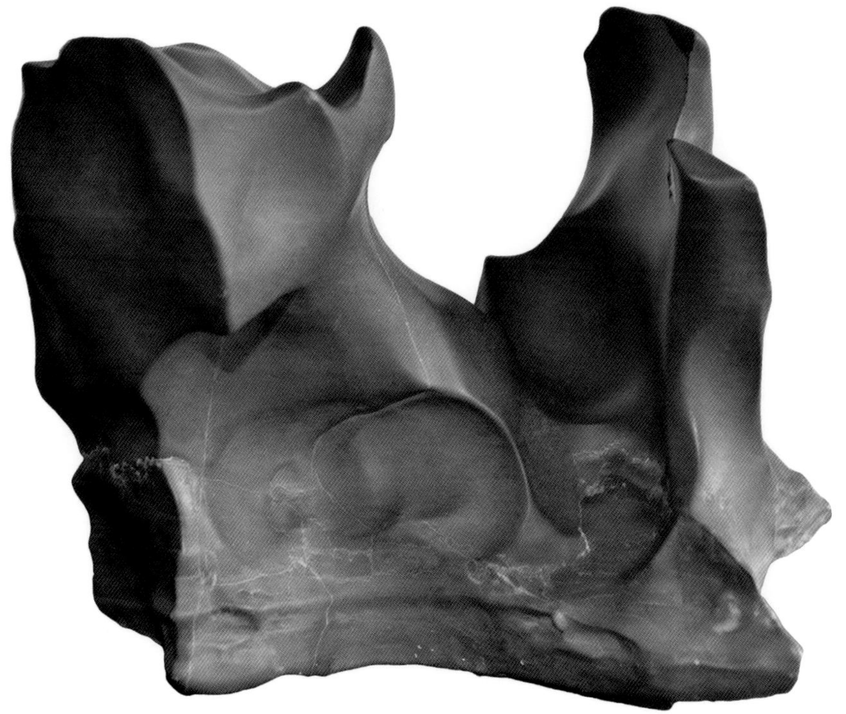

阴河雕塑（乌蒙石）

玉玲珑（乌蒙石）

佛影（古铜石）

佛龛（古铜石）

古罗马斗兽场（古铜石）

灵龟（古铜石）

铜鼓（古铜石）

足球（古铜石）

莲台（古铜石）

呐喊（古铜石）

苍穹（古铜石）

龙刀（古铜石）

文字石火（古铜石）

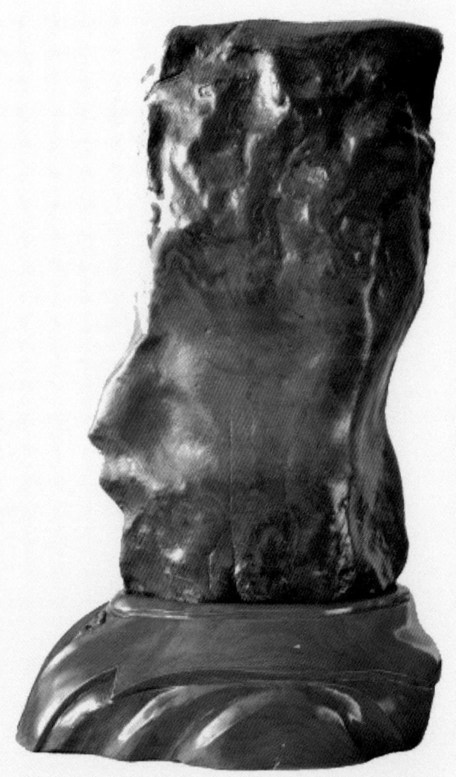

夜郎之神（古铜石）

佛影（古铜石）

千佛岩（古铜石）

2 矿晶类

丹砂（辰砂晶体）

辰砂晶体

晶洞红宝（辰砂晶体）

鹤立鸡群（辰砂晶体）

和谐共生（辰砂与水晶）

融合（辰砂晶体）

多彩贵州（褐铁矿）

辉锑矿晶簇

鸟巢（辉锑矿晶体）

水晶晶簇

光学水晶（水晶晶簇）

黄铁矿

白色文石（方解石）

石林秀色（方解石）

萤石集合体

晶莹剔透（萤石晶体）

重晶石、萤石、石英集合体

浮雕图案（石英集合体）

玉树临风（石膏晶体）

千姿百态（石膏晶体）

玉柱擎天（石膏单晶）

石头开花（石膏晶体）

蜂巢（球状石英集合体）

蓝精灵

红宝石（草海玛瑙）

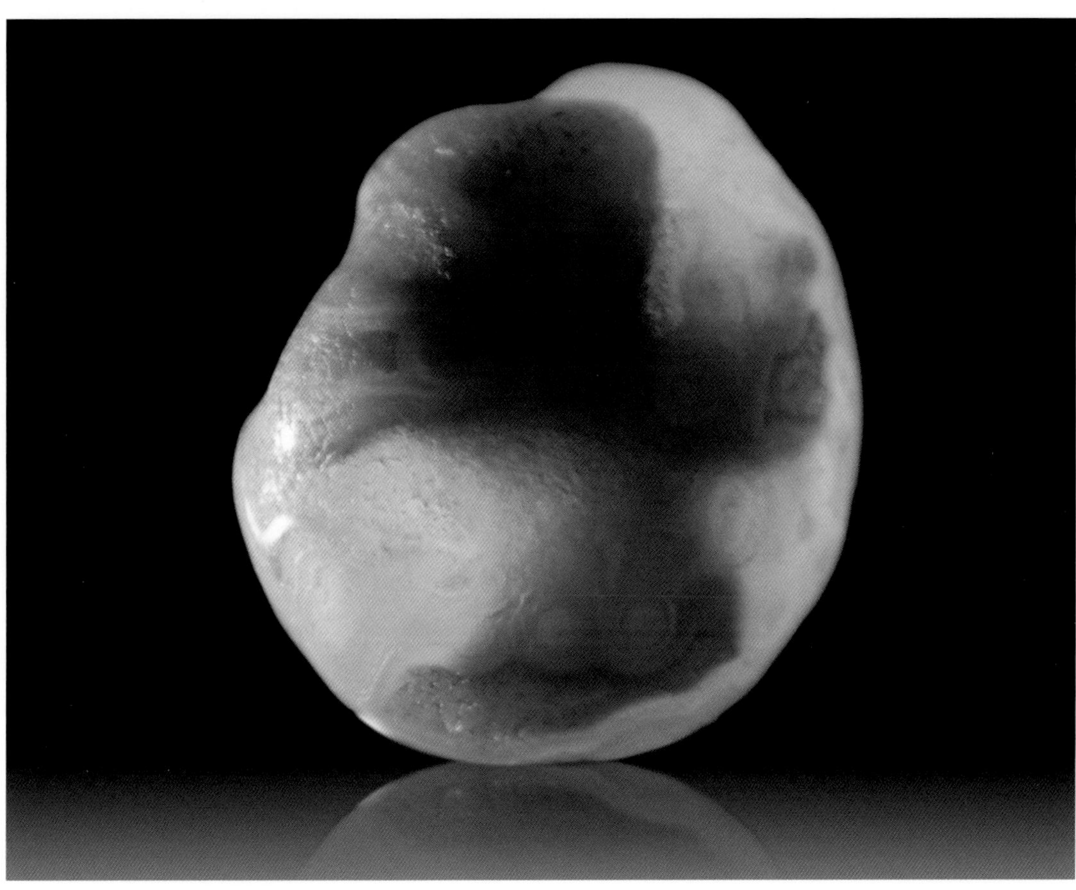

天珠（草海玛瑙）

珍珠（草海玛瑙）

满山碧透（孔雀石）

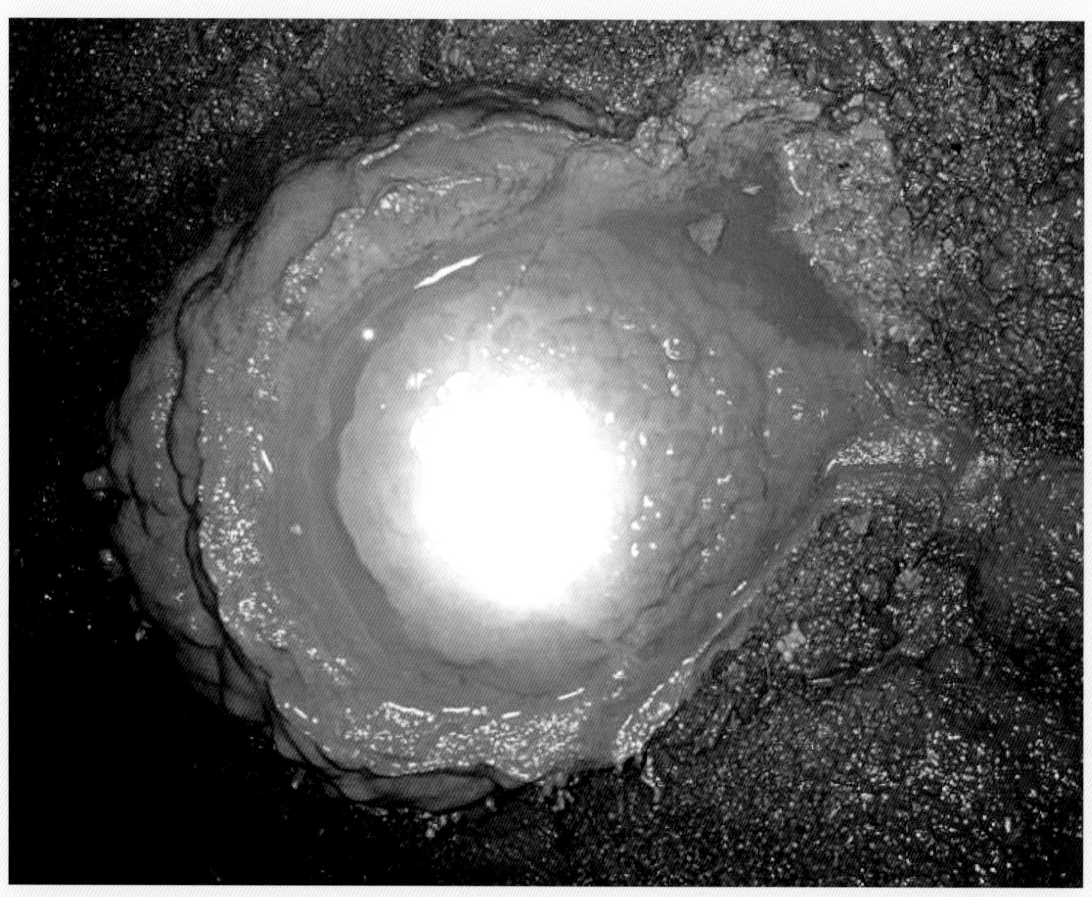

荷包蛋（早期钙华）

3 古生物类

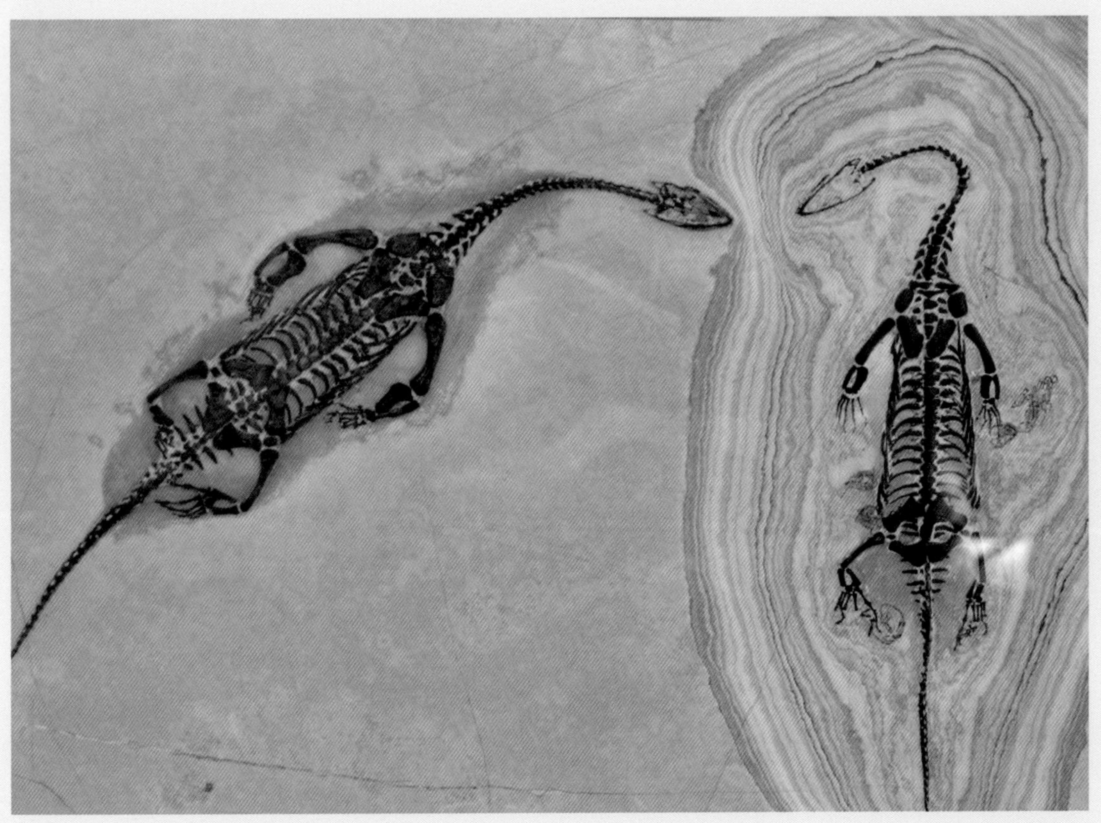

夫妻俩（贵州龙）

生死与共（贵州龙）

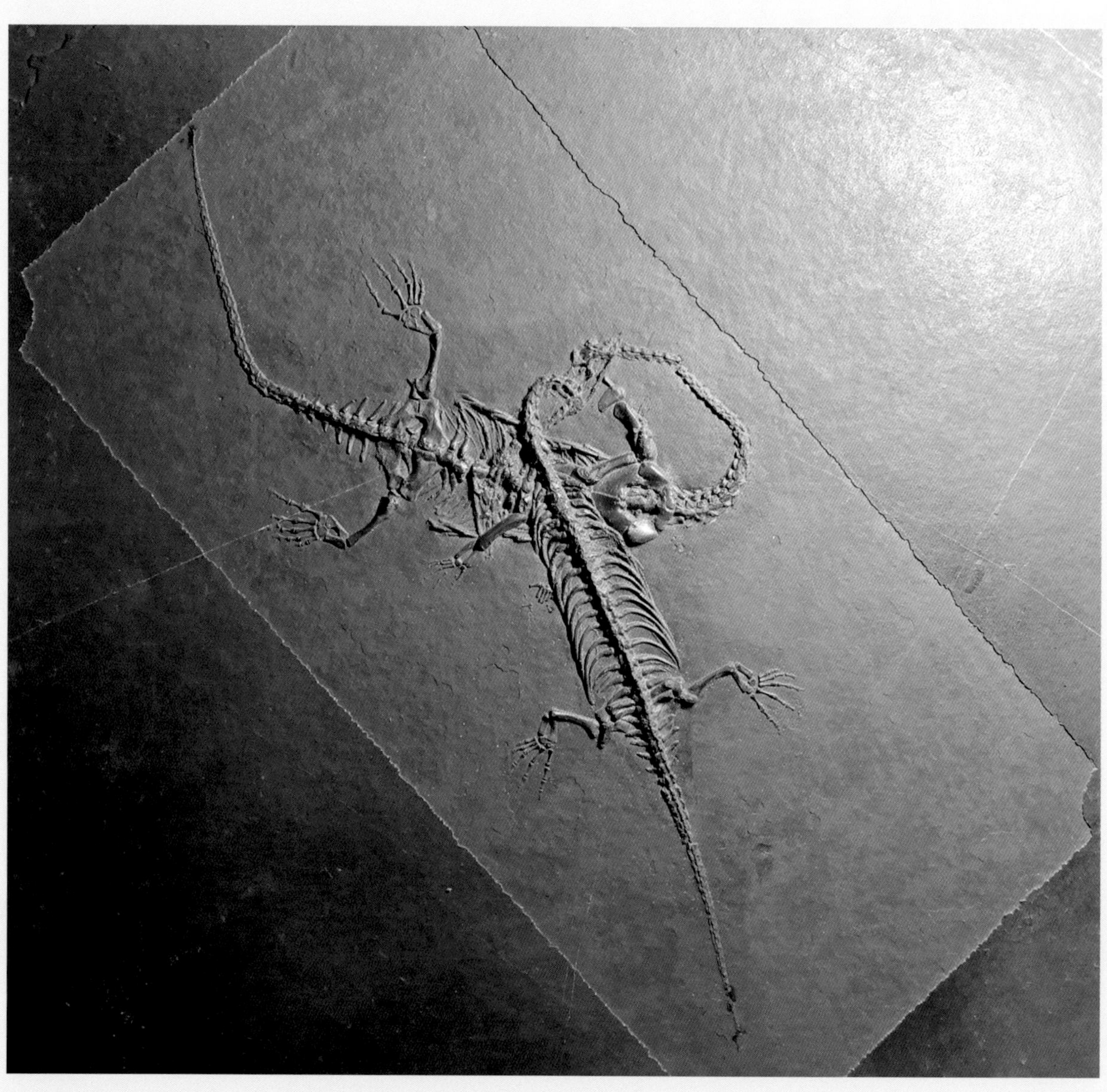

姊妹花（贵州龙）

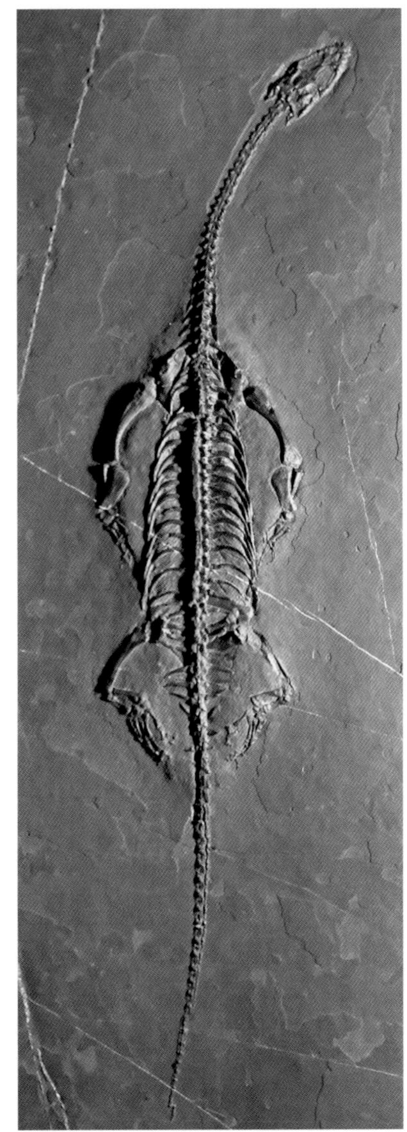

贵州龙

贵州龙

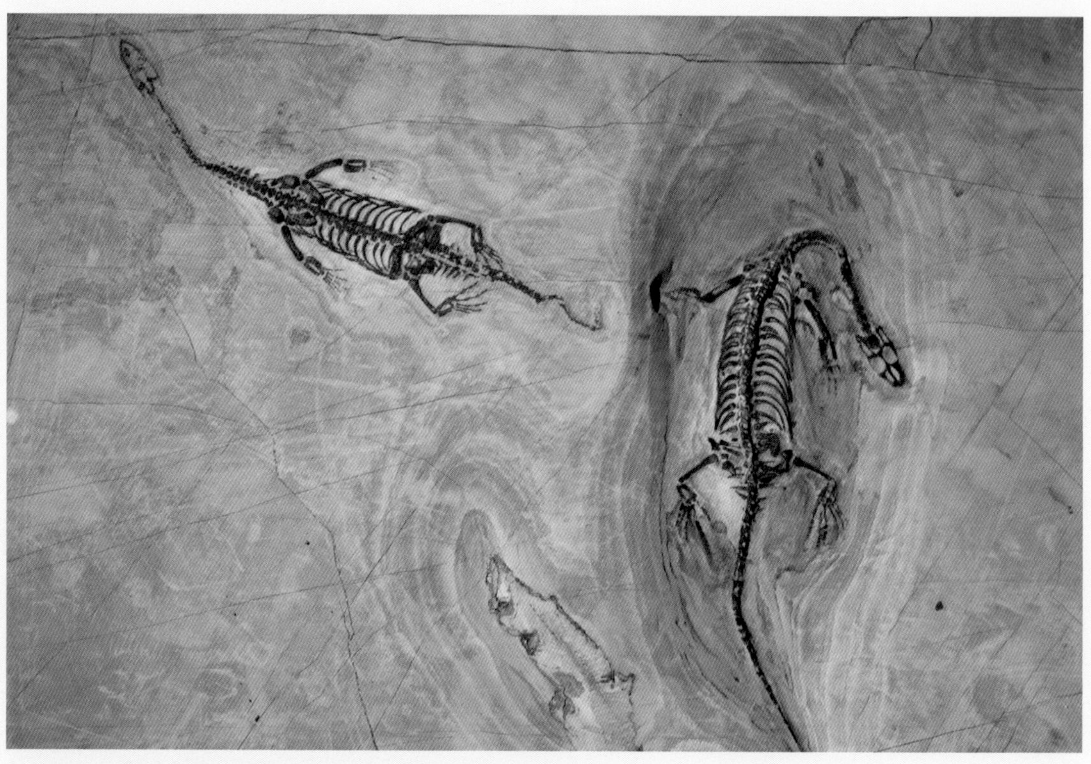

双龙戏水（贵州龙）

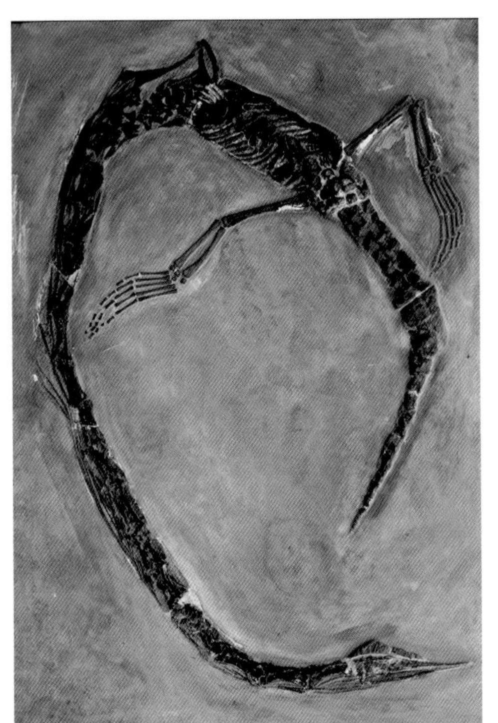

游龙（原龙类）

楯齿龙

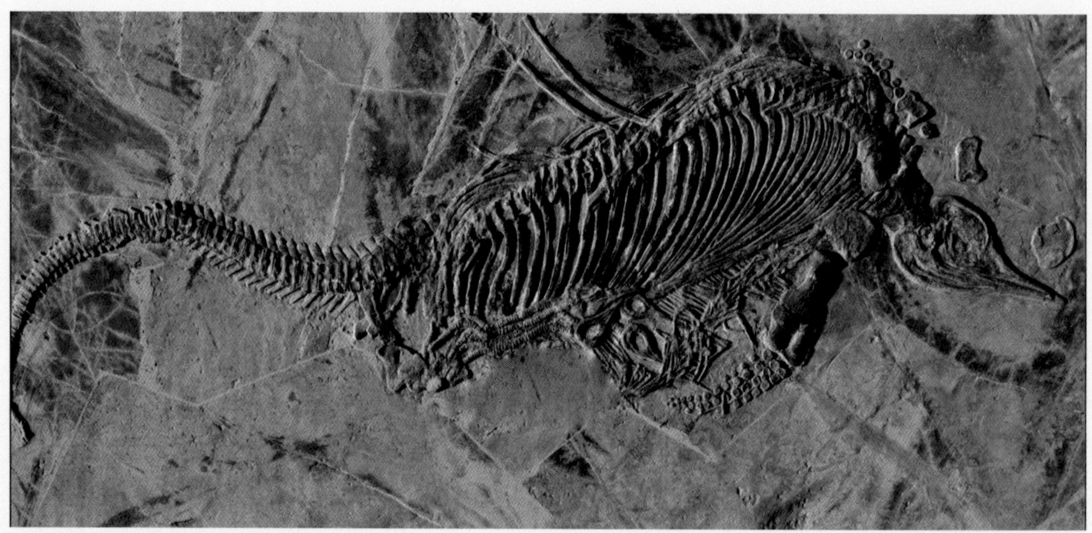

黔鱼龙

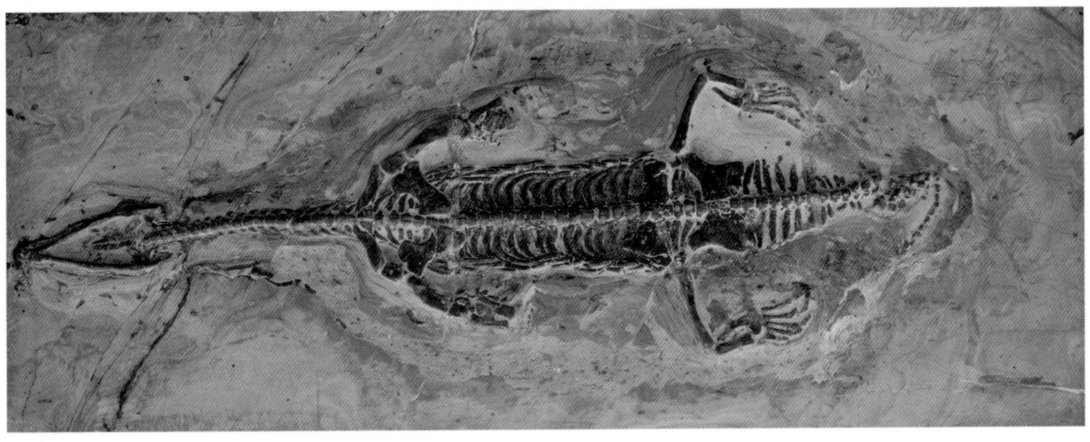

幻龙化石

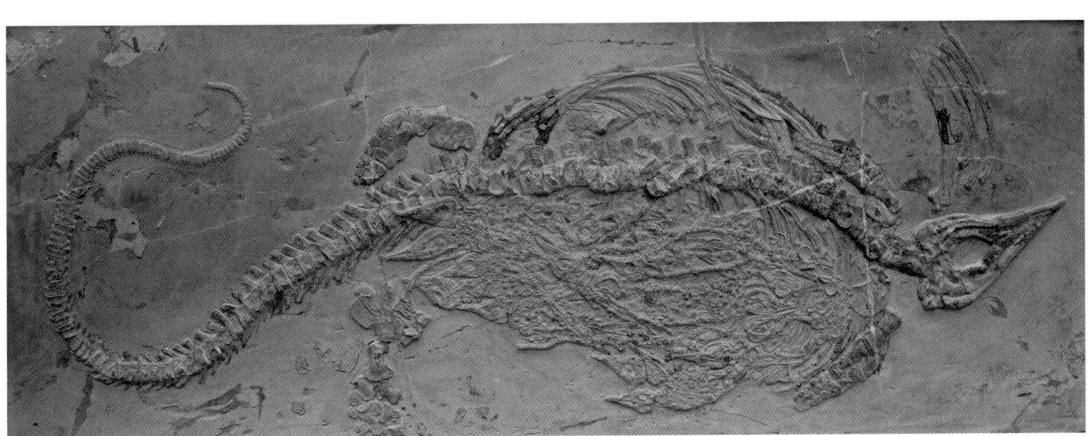

鱼龙群化石

海龙

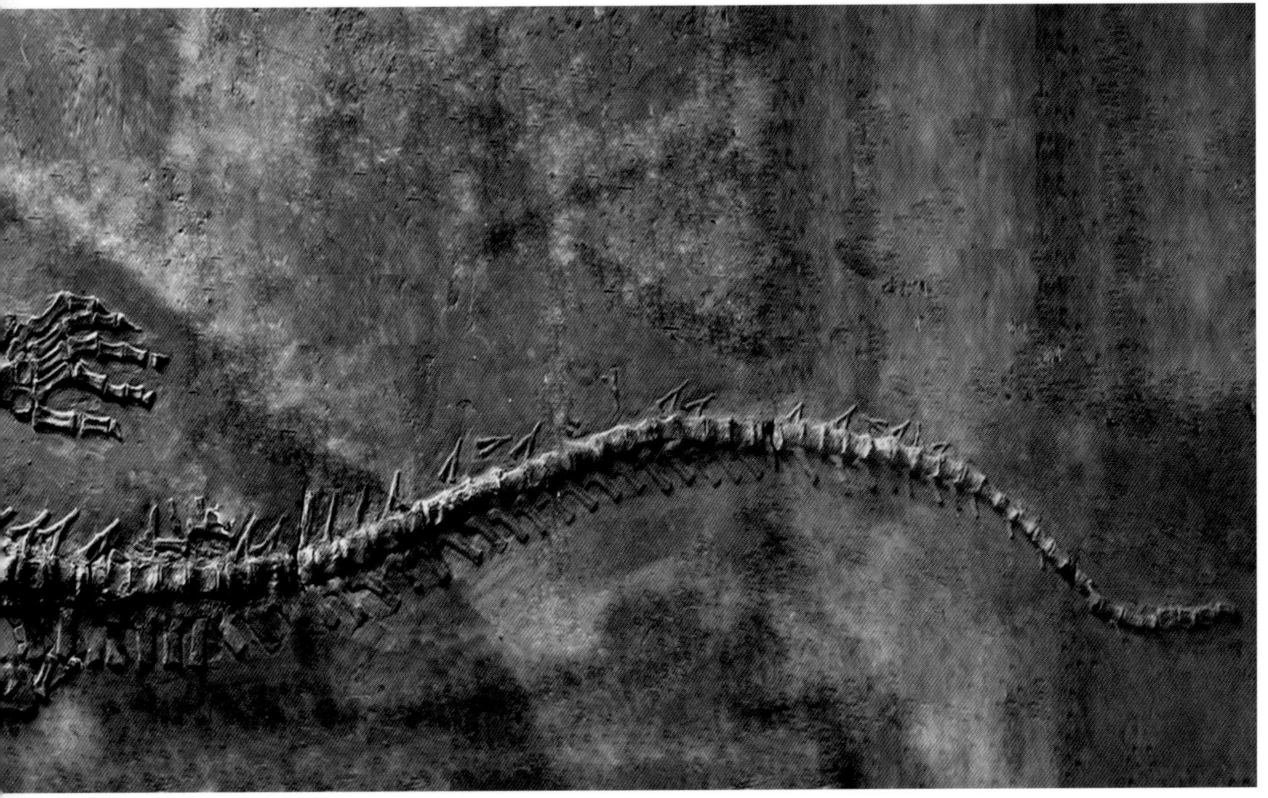

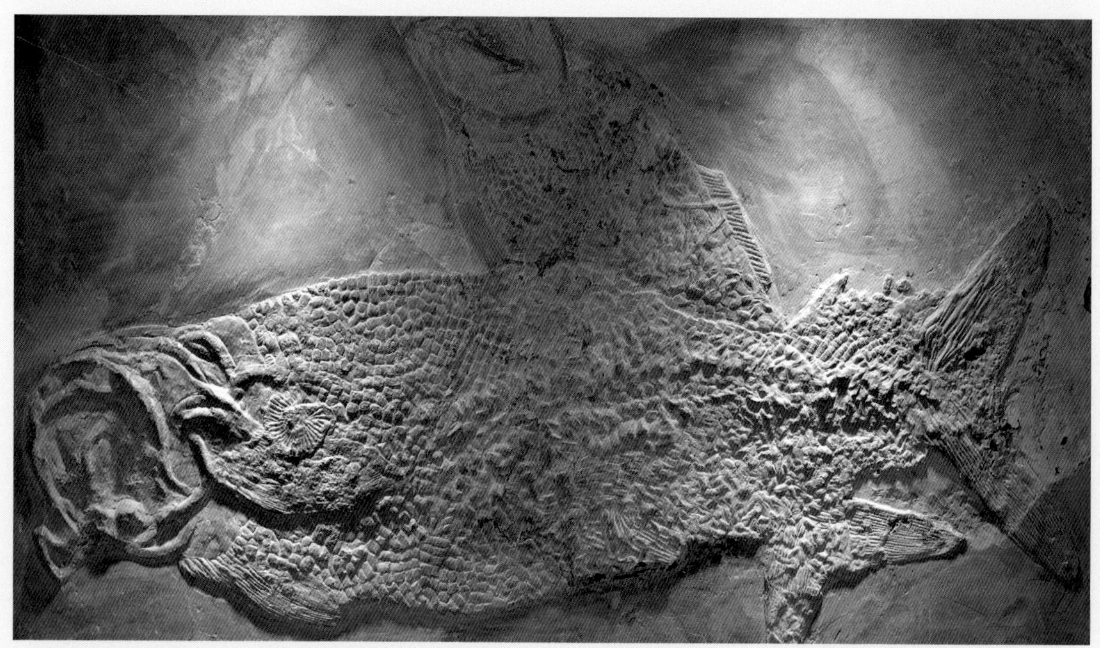

双鱼化石

海百合与鱼龙化石

海百合化石

蕨类植物

秋荷（海百合）

莲花朵朵（海百合）

蜡染时装

流金岁月（植物化石）

扇（古生物化石）

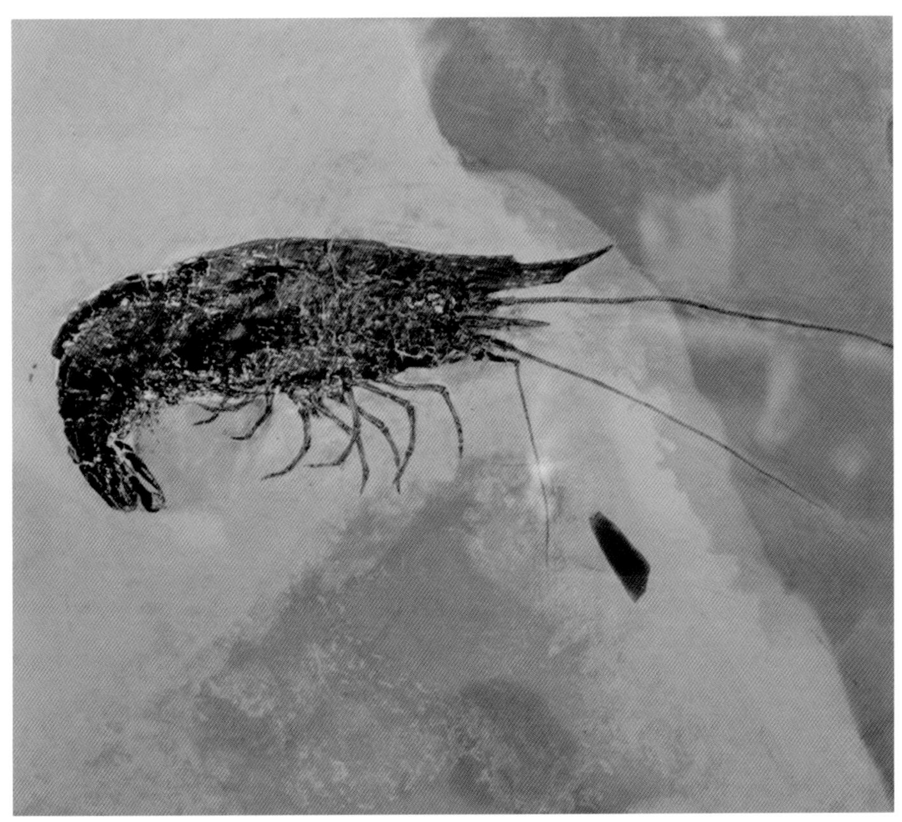

虾化石（古生物）

生物灰岩

4 特色工艺石类

玉白菜（贵翠）

百年好合（贵翠）

飞黄腾达（贵翠）

贵翠手链

贵翠项链

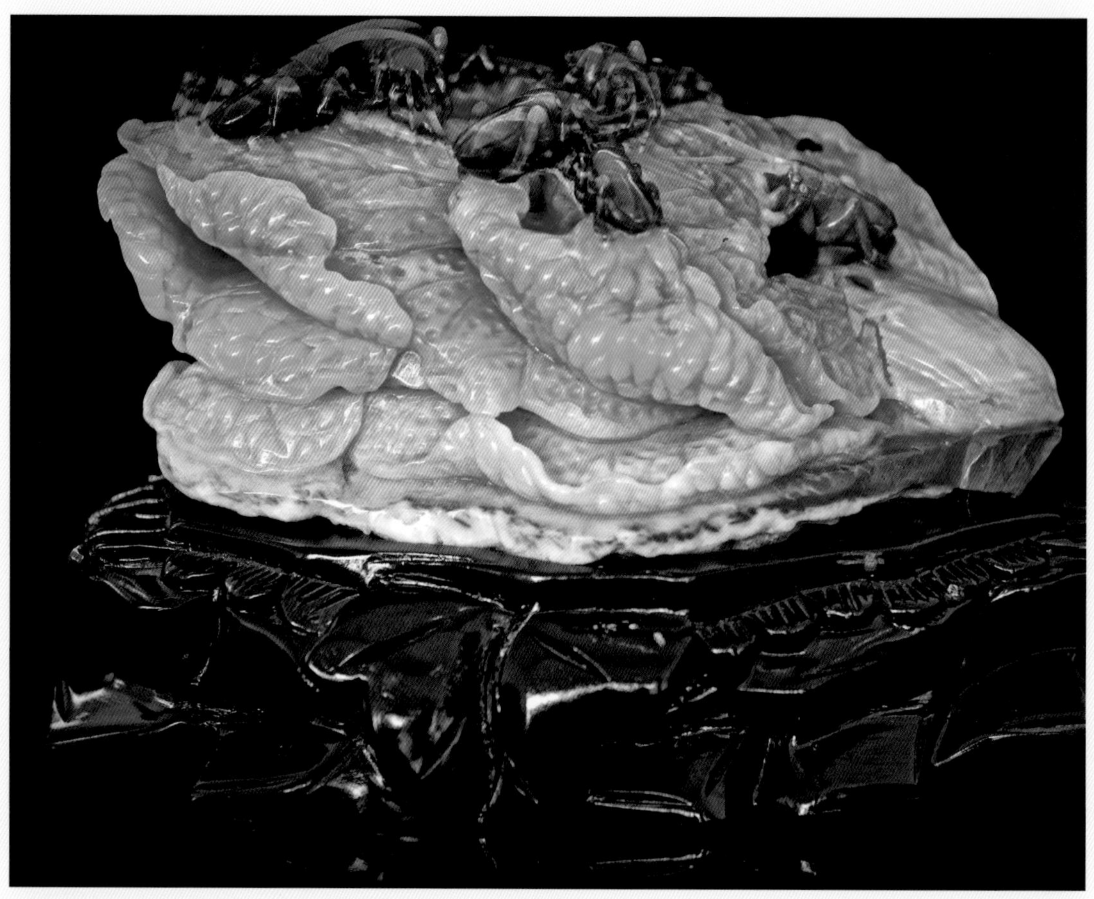

和睦相处（贵翠）

花好月圆（贵翠）

连年有余（贵翠）

御龙吉祥

鸽眼（红宝石玛瑙）

戒指（红宝石玛瑙）

蚕宝宝（草海玛瑙）

大肚罗汉（草海玛瑙）

眼（草海玛瑙）

紫袍玉带插屏

紫袍玉带插屏

紫袍玉带插屏

附 录

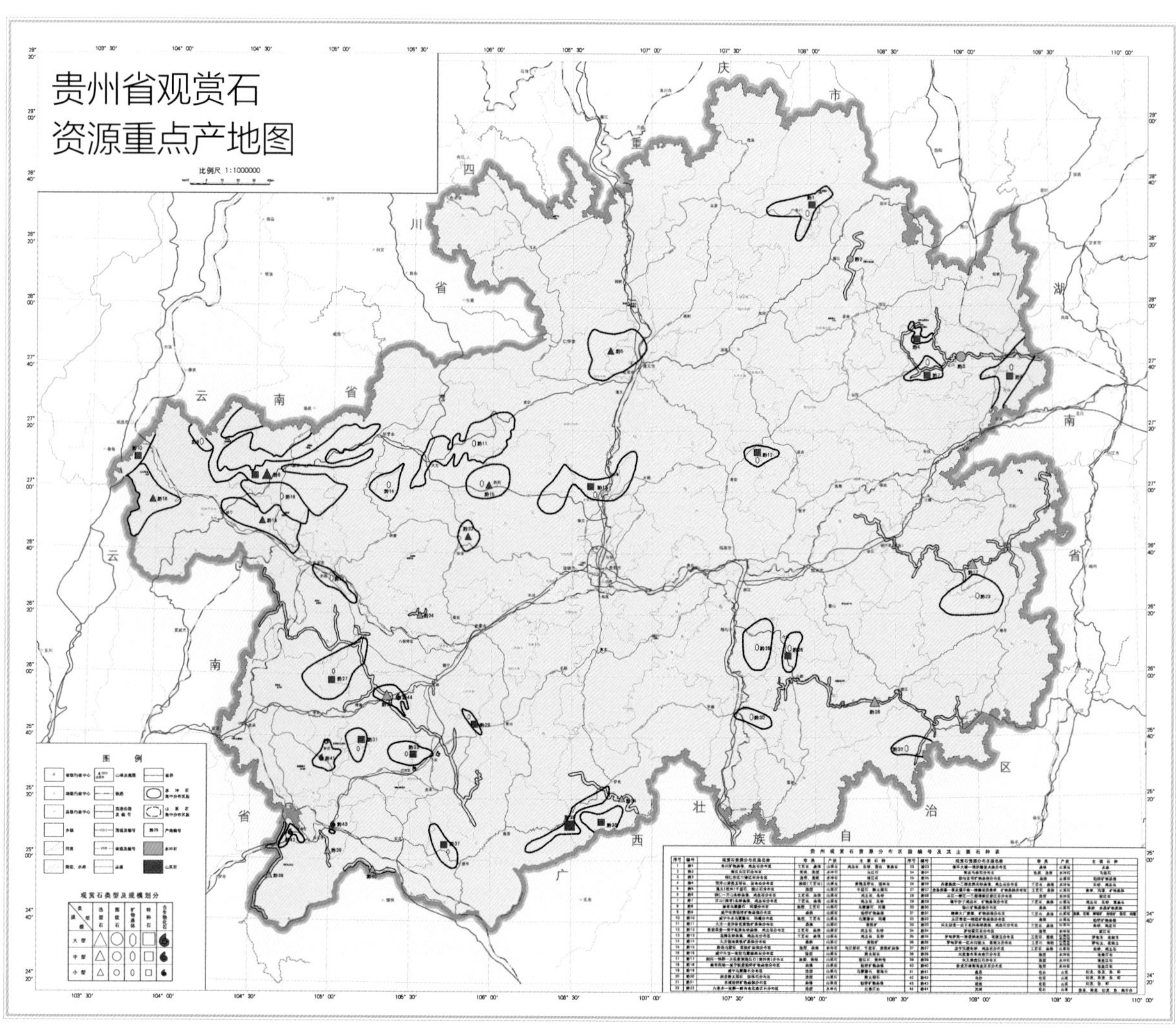

图 1　贵州省观赏石资源重点产地图

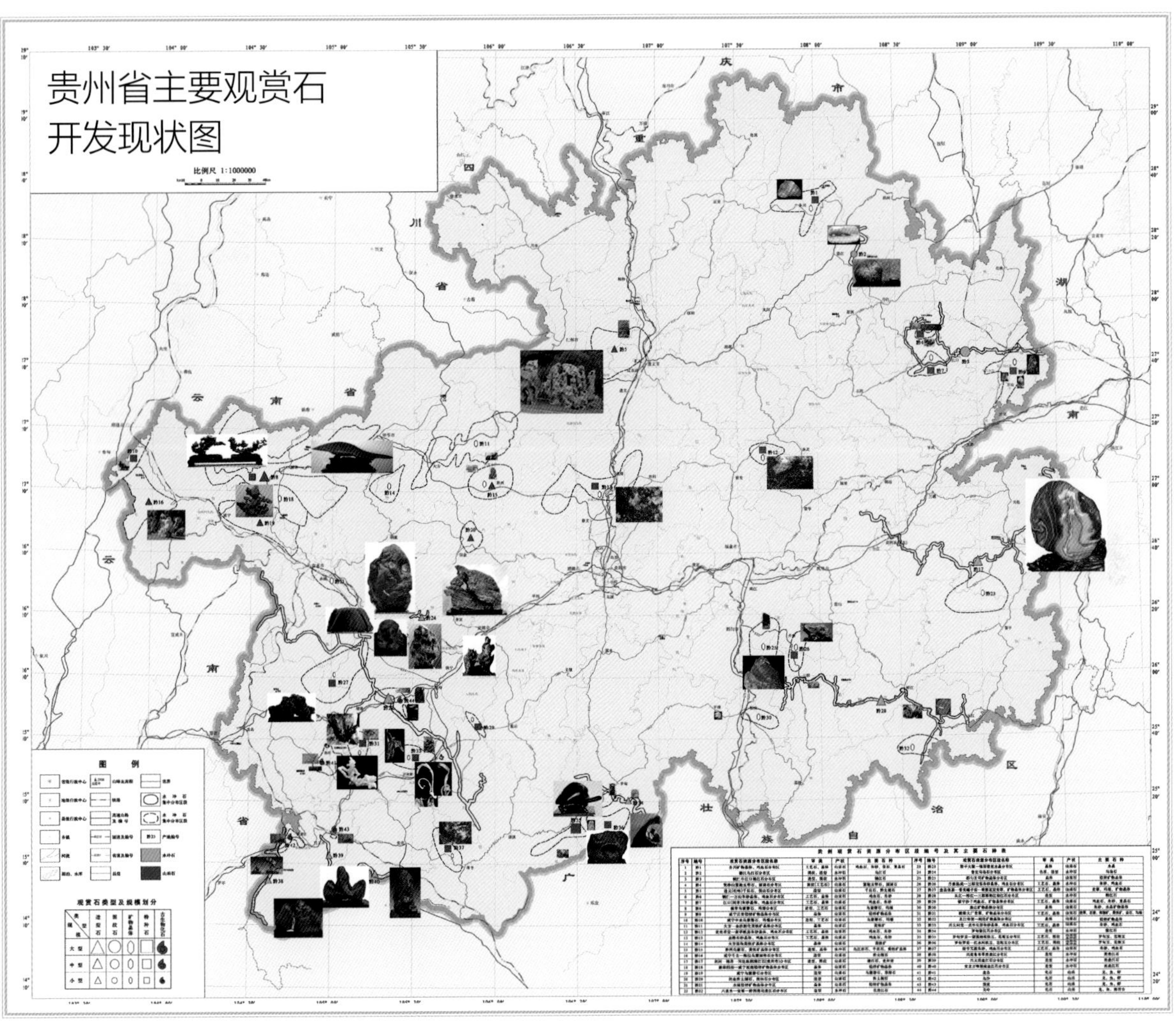

图2 贵州省主要观赏石开发现状图

贵州省观赏石协会大事记（2010—2017）

活动时间	主 要 内 容	到会嘉宾	活动效果
1. 重要活动			
2010 年 12 月 6 日	贵州省观赏石协会正式成立。首任会长：麻少玉，副会长：陈正民、王雪华、杨晓红、陈辉娅、安红、梁成刚等，秘书长：袁浪，会员有 113 人。	中国观赏石协会会长寿嘉华、贵州省原省长王朝文等出席。明确贵州省观赏石协会挂靠贵州省地质资料馆，办公地点设在贵州省地质资料馆（地址：宝山北路 217 号）。	贵州省国土厅同意下发《贵州省观赏石研究会转换主管单位和更改名称批复》，拨 10 万元为贵州省观赏石协会成立经费，贵州省观赏石活动进入新的发展时期。
2011 年—2013 年	在贵州省国土资源厅立项开展贵州省观赏石资源大调查活动。项目经费 48 万元。对全省 22 个观赏石资源重点县进行了专业性详查。对各地资源储存情况、产地分布及开发利用状况和前景都做了定性定量分析，完成了文字资料整理和分布编图。	项目实施：贵州省地质调查院、贵州山水旅游资源勘察开发设计院、贵州省旅游地质学会。	基本摸清了贵州省观赏石资源家底，为开发利用观赏石资源、编写《贵州石谱》奠定了科学基础。
2011 年 5 月 28 日	贵州省观赏石协会在贵阳市新联酒店三楼会议室召开了 2011 年省观赏石协会年会，制定了《贵州省观赏石协会会员管理办法》及会员单位收费标准。	贵州省观赏石协会负责人及各市、州、地协会负责人共 26 人参加了会议。	会议通过本届协会会费标准：个人会员会费 300 元；市、地级协会 2000 元；县、市级协会 1000 元；副会长单位和企事业单位会员 30000 元。
2011 年 6 月 24 日—30 日	第十期观赏石鉴评师培训班在贵州黄果树举行。培训班由中国观赏石协会主办，黄果树奇石馆承办，贵州省观赏石协会协办。	安顺市委常委、副市长王廷凯，中国观赏石协会顾问邱佩喆，贵州省观赏石协会麻少玉会长，袁浪秘书长，中国观赏石协会、贵州省观赏石协会副会长、黄果树奇石馆馆长陈正明出席了开班典礼。	贵州省和全国各地学员共 51 人参加了培训。
2011 年 10 月	将观赏石文化纳入“多彩贵州”活动——开展关于贵州省观赏石文化事业发展情况的调研。	贵州省观赏石协会负责人召开会长办公会。	调研报告报送中共贵州省委王富玉副书记。
2012 年 2 月 3 日	举办“贵州省观赏石协会迎春茶话会”。	贵州省文改办主任袁华、贵州省国土资源厅副厅长王赤兵、总规划师董晓峰及贵州省观赏石协会负责人出席。	与会的 53 名石友对贵州省观赏石协会工作给予了充分肯定。

（续表）

2012年2月21日	贵州省观赏石协会接受业务主管单位“赏石藏石与文化融合发展二〇一二年工作安排”。	贵州省国土资源厅。	继续做好部分重点县、市的资源调查工作；加强宣传、创新机制、推动发展；加强指导，推动赏石文化的普及和提高。
2012年12月	出席贵州省科学技术协会第八次代表大会。	代表：贵州省观赏石协会副会长周忠赋、杨小红。	贵州省观赏石协会成立以来第一次参加高规格的省级重要会议。
2014年6月9日	贵州省观赏石协会立项，编撰出版《贵州石谱》，并编制工作方案，开展石谱征集。	向贵州省人民政府、贵州省国土资源厅报送报告。	立项报告，得到何力副省长的批准，获20万元出版经费。
2014年11月	在贵州省观赏石协会支持、指导下，黔南州观赏石协会制作2015年观赏石挂历，弘扬石文化。	贵州省观赏石协会有关领导参加。	赠送省内外石协、石友，展示赏石文化魅力。
2014年11月	贵州省观赏石协会组织有17名贵州石友参加中国观赏石协会在重庆举办的第30期鉴评培训班，获上岗资格合格证书。	为建立贵州省观赏石鉴评师队伍，为普及观赏石基础知识，提高鉴评观赏石知识理论和业务技术，积极组织。	各地州、市、县石协积极动员有关人员参加观赏石鉴评培训班学习。
2015年4月26日	贵州省观赏石协会根据工作需要，决定任陈辉娅（代理）秘书长、陈跃康任副会长，陈启军、王瑛任副秘书长。同意袁浪辞去贵州省观赏石协会秘书长的职务。	贵州省观赏石协会负责人召开会长办公会。	
2015年5月20日	由贵州理工学院资源与环境工程学院资勘专业2013级李鹏贝、李仕峰等同学发起成立贵州理工学院大学生观赏石社团；先后有419名同学加入，是在贵州理工学院校团委领导下的学生社团组织。	指导教师为曾羽博士、杨涛博士。	为了支持社团组织活动，资源与环境工程学院专门建设了观赏石陈列室，同时开放矿物岩石实验室、古生物实验室、显微镜实验室。
2015年12月26日	贵州省观赏石协会根据工作需要，决定任蒋文书、杨健、冯晓喻、余有华、李良工、程兆翔为副会长，任施磊、梅本红、张燕、熊焱、申峰、谢文东、吴礼标、龚正久、黄元智、安高宣为副秘书长。	贵州省观赏石协会负责人召开会长办公会。	
2016年9月	贵州理工学院以杨涛博士（副教授）、刘伟博士（副教授）、程国繁教授、吴维义副教授、黎春玲讲师组成的教学团队，从大学生所具备知识体系与特点出发，通过重点讲解观赏石的成因和文化，以及观赏石的审美和鉴评，开设了《观赏石概论》通识选修课，课程共36学时，其中理论教学26学时，实验教学10学时，面向所有专业的大学生，2个学分。	课程大纲的编制，把握观赏石学学科发展的新知识和新思想，并借鉴近年来我国观赏石鉴评师、观赏石价格评估师应用型培训的教学内容和课程新成果。	向学生普及中华赏石文化和地学科学知识，激发学生在学习自然科学的同时发掘自己的文化艺术和人文潜能，充分体现素质教育和应用能力及创新能力培养的要求。

（续表）

2016 年 11 月	贵州省观赏石协会向中国观赏石协会申报罗甸县、德江县为“中国观赏石之乡”获批准，并授牌。		
2017 年 3 月 24 日—25 日	贵州省观赏石协会第二次会员代表大会进行换届选举。	全省 80 余名会员代表参会。	陈辉娅当选会长，陈跃康当选秘书长，麻少玉为名誉会长。
2017 年 4 月 19 日	贵州省观赏石协会第二届理事会召开第一次会长办公会，明确了贵州省观赏石协会领导成员的任职与分工（姓氏笔画为序）： 一、贵州省观赏石协会第二届理事会 会长：陈辉娅（女） 秘书长：陈跃康（兼） 副会长：王雪华 马 荣 冯晓喻 何汝奇 牟雪松 孙瀑恩 余有华 李良工 杨晓红 杨 剑 陈跃康 陈启军 郭晓峰 郭 昆 贺宗俊 蒋文书 谢文东 梁成刚 程兆翔 副秘书长：王 瑛 马力克 申 峰 汤昌奎 吴礼彪 吴述云 张羽龙 周兴祥 施 磊 梁婷婷 黄保良 程国繁 梅本红 龚正久 熊焱 办公室主任：王 瑛（兼） 常务理事：马 荣 王雪华 王 瑛 冯晓喻 孙瀑恩 吴孔全 何汝奇 牟雪松 汤昌奎 余有华 周发明 李良工 陈辉娅 陈跃康 陈启军 杨晓红 杨 剑 杨 涛 贺宗俊 郭晓峰 郭 昆 姜雪松 施 磊 梁成刚 谢文东 蒋文书 程国繁 谭裕敏 熊 焱 程兆翔 袁 震 名誉会长：麻少玉 顾 问：王 伟 任天成 刘幼平 杨志贵 倪集众 陈正明 袁 浪 张家华	二、贵州省观赏石协会专业委员及工作委员会 （一）贵州省观赏石协会资源勘查评价专业委员会 负责人：王雪华、倪集众等 （二）贵州省观赏石协会石文化研究专业委员会 负责人：孙瀑恩、郭 昆等 （三）贵州省观赏石协会展会组织策划工作委员会 负责人：余有华、牟雪松等 （四）贵州省观赏石协会产业发展工作委员会 负责人：何汝奇、蒋文书等 （五）贵州省观赏石协会科普及培训工作委员会 负责人：陈启军、杨涛等	三、贵州省观赏石协会组织（团体会员单位） （一）各市、州观赏石协会 贵阳市观赏石协会 安顺市观赏石协会 六盘水市观赏石协会 铜仁市观赏石协会 毕节市观赏石协会 黔西南州观赏石协会 黔南州观赏石协会 遵义市观赏石协会 黔东南州观赏石协会（筹） 贵安新区观赏石协会（筹） （二）贵州省中国观赏石之乡 兴义市观赏石协会 天柱县观赏石协会 德江县观赏石协会 罗甸县观赏石协会 （三）重点县观赏石协会 天柱县观赏石协会 锦屏县观赏石协会 榕江县观赏石协会 贵州理工学院大学生观赏石社团
2017 年 4 月 28 日	遵义市观赏石协会成立。	举行会员石展与即兴拍卖活动。	熊焱当选会长、罗贤刚为秘书长。
2017 年 6 月 9 日	贵州省观赏石协会成立古铜石专业委员会，为贵州省观赏石协会会员单位，3 位负责人为常务理事，隶属贵州省观赏石协会管理。	古铜石专委会主任：周亮；副主任：吴广；秘书长：宋顺禄； 顾问：陈辉娅、孙瀑恩、李志海。	办公室设在贵州省安顺市合力赏石文化交流中心。
2017 年 8 月 31 日	黔西南州观赏石协会古生物化石。专门委员会举办了黔西南州赏石日联谊活动暨祝贺胡承志先生 100 寿辰及发现贵州龙 60 周年座谈会。		
2017 年底	贵州省观赏石协会按贵州省民政厅与贵州省国土资源厅要求，积极推进了协会与政府部门脱钩工作。		

（续表）

2011 年 4 月 25 日—5 月 3 日	贵州省观赏石协会、安顺市政府、贵州省贵州珠宝协会、贵州省收藏家协会共同举办“安顺市奇石根雕奇石展”。	安顺市和贵州省观赏石协会有关领导出席开幕式并讲话。	来自周边省（区）数十家观赏石和珠宝商户在安顺文庙商业街参加了此次活动。
2012 年 4 月	贵州省观赏石协会主办、毕节市观赏石协会承办“首届贵州毕节古玩奇石博览会”。	全省及周边省（市）协会领导。	“领略奇石魅力，弘扬赏石文化”，开发了乌蒙磬石新石种。
2013 年 4 月	贵州省观赏石协会主办、毕节市观赏石协会承办“第二届贵州毕节古玩奇石博览会”。	全省及周边省（市）协会领导。	“倡导绿色赏石，承载文明收藏”。
2013 年 5 月 17 日—20 日	组织贵州省炼石斋旅游工艺品有限公司参加在深圳举办的全国第九届文化产业博览交易会。	参会代表：贵州省观赏石协会副会长陈辉娅。	向国内外展示贵州紫袍玉带雕刻石产品与工艺。
2014 年 7 月 22 日—8 月 3 日	由贵州省观赏石协会主办、德江县乌江石协会承办的“中国·德江首届乌江石文化节”在德江县石文化城举办，获得圆满成功。组织精品石评选活动，共 280 方观赏石参评。评出金奖 16 个，银奖 39 个，铜奖 45 个。举办《大德若水》文艺晚会，观看人数达 5 万余人。开展拍卖活动，有 45 户商家参与竞拍，拍出 76 件商品，拍卖金额 320 万元。	中国观赏石协会会长、国土资源部原副部长寿嘉华出席并讲话，贵州省人大常委会原党组书记、贵州省人大常委会副主任肖永安等出席，500 余名省内外嘉宾应邀参展，其中省外嘉宾 265 人。	本届文化节以“展示乌江奇石，促进文化交流”为主题，挖掘和利用德江丰富的资源，培育和打造中国·德江观赏石市场。
2014 年 10 月	由中国观赏石协会主办、贵州省观赏石协会和毕节市观赏石协会承办的“中国毕节试验区第三届奇石根艺博览会暨贵州精品石展示会”，在毕节市政府广场成功举办。	中国观赏石协会秘书长高谊明出席并讲话，来自省内外 300 余嘉宾和石商参加。	博览会举办了“乌蒙石论坛”，提高了乌蒙石作为贵州新型观赏石品种的研究程度和市场影响力。
2015 年 8 月 29 日	贵州省观赏石协会开展 2015 年第四个“全国赏石日”庆祝活动。在贵阳孔学堂举办以“赏石文化与中华传统文化”的专场演讲活动。	全省地（州、市）观赏石协会会员以及大专院校学生。	赏石文化的内涵；中华传统文化背景下的赏石文化国学基础；中华赏石文化发展史；走向传统与创新的中华赏石文化新常态。
2016 年 10 月 16 日	贵州省观赏石协会开展非物质文化遗产“赏石文化”进校园活动。	贵州理工大学资环学院全体师生、全省地（州、市）观赏石协会负责人及会员。	
2017 年 6 月 6 日	由黔西南州石协主办、点石文化传媒有限公司承办“第九届观赏石展销会”。	会展 15 天，外地石商近 200 家参加会展，丰富了州内外观赏石的交流、交易。	
2. 场馆建设			
2010 年至今	安顺兴伟奇石馆。	馆主：王伟。	
2010 年至今	天龙屯堡奇石馆。	馆主：梁成刚。	

（续表）

2011 年 9 月	贵州省观赏石协会副会长杨晓红在贵阳青岩古镇创办“古镇观赏石馆”。	馆主：杨晓红。	为青岩古镇增添了观赏石文化的特色与魅力。
2012 年 4 月	黄果树观赏石馆被国土资源部正式命名为黄果树观赏石博物馆。	馆主：陈正民。	黄果树观赏石馆与黄果树景区密切合作，实现了社会效益与经济效益双丰收。
2013 年 6 月	在贵州省观赏石协会支持、指导下，德江县观赏石协会积极建设乌江石文化城。截至 2014 年 7 月，文化城第一期工程顺利结束，德江乌江石文化城已成为全省最大的赏石市场。2014 年帮助协调建设资金 300 余万元。其中，政府资金 35 万元。	协调入住文化城商家 70 余户；协调解决各种矛盾纠纷 20 余起；协调有关单位部门、领导解决各种问题 50 余次等。确保了文化城工程顺利建设。	建成奇石、花草等门面 96 间，加工作坊 8 间，库房 26 间，办公楼 1 栋，岗亭 1 个，围墙 3000 米，停车位 600 余个，市场从业人员 300 余人。
2017 年 8 月	蓬莱仙境观赏石博物馆。	馆主：陈辉娅。	
2017 年 10 月	浙江千岛湖三叠纪奇化石馆。	馆主：周发明。	
3. 文化交流			
2011 年 6 月 9 日—12 日	贵州省观赏石协会会长麻少玉、副会长周忠赋、副会长兼秘书长袁浪应邀出席内蒙古观赏石协会成立大会在呼和浩特市举行。内蒙古观赏石协会和内蒙古国土资源厅资料馆还专门抽出时间同贵州省观赏石协会座谈交流工作情况。	中国观赏石协会会长寿嘉华、内蒙古自治区人大常委会副主任郝益东、政协副主任董恒宇及内蒙古国土资源厅有关领导和地、市负责人出席大会。全国各地的 300 余名代表济济一堂。	内蒙古国土资源厅原巡视员元重举当选会长、现职的厅地调院院长宋华当选秘书长。
2011 年 7 月 9 日—12 日	贵州省观赏石协会会长麻少玉、副会长杨晓红、秘书长袁浪，受“云南泛亚国际观赏石博览会”邀请，出席大会。会议期间贵州省观赏石协会同云南省观赏石协会进行了座谈交流。	云南省委书记、省人大主任、副省长、省政协主席以及省各部门领导共 50 余人出席了大会。	此次大会盛况空前，全国各省、市和南亚、东南亚的商家石友万余人欢聚一堂。
2012 年 4 月	应邀参加山西省观赏石协会成立活动。	会长：麻少玉，秘书长：袁浪。	
2012 年 6 月	应邀参加四川省西昌观赏石协会联谊展销活动。	会长：麻少玉，秘书长：袁浪。	
2014 年 7 月 23 日	贵州省观赏石协会举行“乌江石专题论坛”。贵州省观赏石协会副会长、铜仁市观赏石协会会长郭晓峰主讲。	国内乌江石藏建、石协领导及当地政府官员出席论坛活动。	参加培训活动及听众 300 余人，普及了乌江石的科学文化及审美知识。
2014 年 10 月	贵州省观赏石协会在毕节举办“首届乌蒙石文化论坛”，贵州省观赏石协会副会长王雪华、旅游地质专家刘家仁、赏石文化专家雷敬敷作主讲专家，中国观赏石协会科学顾问倪集众作点评专家。	贵州省观赏石协会副秘书长陈跃康主持论坛活动，中国观赏石协会秘书长高谊民等出席论坛并讲话。	“乌蒙石文化论坛”，提高了乌蒙石作为贵州新型观赏石品种的研究程度和市场影响力。

（续表）

2014年12月3日	贵州省观赏石协会组团参加“重庆第七届万石博览会”，并与重庆市长江石文化研究会“缔结友好协会”。2014年第四期《长江石文化·中国图纹石》杂志开始刊登贵州省观赏石栏目。	贵州省观赏石协会组织参展作品300多件，并开展精品观赏石的评鉴，共同携手推动黔渝两地赏石文化的合作与发展。	双方决定联合办好《长江石文化·中国图纹石》杂志“贵州栏目”工作，利用交流平台，推动贵州观赏石事业发展。
2017年2月	贵州省观赏石协会与《藏天下》杂志合作，开设【“石”来运转、点石成金】专栏。	栏目主持人：陈跃康。	【“石”来运转、点石成金】专栏逢双月出版。
2017年4月8日	重庆长江石文化研究会会长刘昌沛、雷敬敷一行来访。	贵州省观赏石协会负责人与重庆长江石文化研究会负责人举行座谈。	达成友好协会继续全面合作的协议，陈辉娅会长受聘为《中国图纹石》名誉主编。
2017年1—4季度	在继续与《中国图纹石》杂志合作，开设【贵州赏石界】专栏，每个季度一期，每期用十多个页面介绍贵州的名家、名馆、名石，进一步提高了贵州赏石文化在国内外的影响和资源优势。	第一期由贵州省观赏石协会承办，第二期由遵义市观赏石协会承办，第三期由六盘水市观赏石协会承办，第四期由罗甸县观赏石协会承办。	
2017年底	贵州省观赏石协会积极组织参加第十届重庆万石博览会。	贵州省石界代表在重庆会展中心设立贵州观赏石展厅，一大批观赏石精品在参展中获奖。	

赏石赋 【五言古风】

茫茫望苍宇 地球即天石 四十六亿旋 浑然创世纪
地壳覆其表 地核凝其里 地幔缓对流 板块富生机
岩浆喷而发 沧海循沉积 历久演变质 岩分三大系
日月照光华 冷暖沐霜雨 流水冲坚岩 风沙吹戈壁
千姿复百态 巧工出自然 洪荒无慧眼 冥冥待谁期
荒原燃野火 恶境严相逼 人猿始揖别 攥石谋生计
避寒掘洞穴 猎物石为器 爱美显本性 琢燧成珠玉
先祖石图腾 与石伴死生 生以石维生 死以石葬命
斗转换星移 新旧换石器 文明初临照 炎黄创文理
史述嵩山下 遗有启母石 启帝诞于石 石为启母亲
商汤灭夏桀 濮人献丹砂 汤王封宝王 辰矿传神奇
先秦多典故 尤有和氏璧 人运与石运 命运连一体
汉晋南北朝 浪漫多隐士 诗文赋山水 醉石卧陶令
唐宋兴赏石 朝野喜园林 品石入书画 米芾石痴名
明清石鼎盛 玩石求雅趣 素园修石谱 观赏人有幸
近代国难重 无力念石经 章老著石雅 点石几成金
革命激洪流 国运转石运 改革促发展 中华倡复兴
石脉数千年 延绵至当今 乱世囫粟忙 盛世藏石勤
夜郎偏一隅 山奇水也清 远望荒山穷 近看皆奇景
梵净蘑菇石 高高耸绝顶 大美织金洞 雪藏地宫厅
举目双乳峰 母爱长歌吟 平塘救星石 地标天下惊
走入奇石馆 满目叹琅琳 岁月万千载 方寸一览明
春秋写世界 元素构乾坤 谁知个中味 解密看结晶
鱼龙曾霸主 诗意海百合 今朝何处觅 化石铸其形
观赏开眼界 惊艳九霄凌 依依去不舍 品味有余兴
人生石为伴 当不虚此生 天人相合一 不可缺石韵
今朝撰石谱 几载劳诸君 全省齐举力 石友多倾情
文字与图片 修改几碎心 四山两流域 踏遍寻精品
金已无足赤 难免含瑕疵 黔石即成典 文化当自信
人即从石来 还将从石去 悠悠石缘情 拙赋难道尽

绿野来客

2018 年 6 月于观赏湖绿野诗棚

跋

贵州观赏石界翘首以盼的《贵州石谱》，历经三年艰辛努力，今天终于付梓了。

2014 年 6 月，在完成“贵州省观赏石资源调查”项目的基础上，贵州省观赏石协会开始启动和筹备《贵州石谱》的编撰工作。2015 年 5 月，正式成立了《贵州石谱》编委会和编辑部。

2016 年以来，国家对社团组织管理出台了一系列新规要求，贵州省观赏石协会又经历了首届理事会与第二届理事会的换届选举，客观上对《贵州石谱》的编写产生了一定影响。

但是，贵州省观赏石协会与各市、州、县观赏石协会初心未改，目标不变。贵州省观赏石协会第二届理事会接过编写《贵州石谱》的接力棒，继续奋力向前。

在原来的计划中，《贵州石谱》的文字有 8 章，约 8 万字，各章撰稿人都按要求提供了文稿，花费了不少心血，但在具体编稿过程中，编辑部与出版社达成共识：《贵州石谱》是以石谱图片为主体的书籍，文字不宜过多，能少尽量少，将有限的版面让位给图谱。于是只有忍痛割爱，将文字压缩了约二分之一。

在图片收集与遴选方面，全省市、州及重点县观赏石协会给予了大力支持与积极配合，按《贵州石谱》编撰要求，结合贵州观赏石资源特点和优势多次组织了石品与图片推荐工作，使编辑部获得丰富的观赏石图片资料。由于贵州观赏石资源丰富、种类繁多，中国观赏石协会已确定的石种与亚种远远不能概括贵州观赏石种类的全貌。因此，编辑部又通过贵州藏石大家与专业赏石网站补充了部分石种与石品，力求较完整地反映当前贵州观赏石资源与品种的面貌。

《贵州石谱》编辑部的同志多是兼职和业余的，在时间、精力、水平及经验上，常常心有余而力不足，加之这个项目是贵州省政府有关部门资助的资金，有一定的限制与要求，因而一些还需进一步深入各市、州、县石协组织核实与收集资料，而且挖掘藏家独特的藏品也未能完全如愿以偿。尤其是一些化石精品、矿物精品大抵也成了“漏网之鱼”，这或多或少为这本《贵州石谱》留下了遗憾。

这里需要说明的是，《贵州石谱》编撰方案里，原来有一项筹资计划，对入选石品图片都要收取一定的版面费，以补充编辑、出版经费的不足，后来《贵州石谱》项目得到了政府资金的支持，就不再收取入谱图片的版面费用；同时，原则上也不在图片上具体署名藏家与联系方式，使之成为纯公益性的图谱，希望大家理解。

《贵州石谱》出版以后，贵州省观赏石协会将会以赠书的方式，答谢各市、州、重点县观赏石协会组织及贵州省观赏石重要藏家对《贵州石谱》的支持与厚爱。

在此，我代表贵州省观赏石协会，真诚答谢和感恩贵州省人民政府有关领导、贵州省新闻出版广电局与贵州人民出版社有关负责人；真诚感谢关心、支持《贵州石谱》出版的中国观赏石协会与兄弟省、市、区观赏石协会；也真诚感谢所有为《贵州石谱》出力的社会各界朋友！

石已无言，尽在不言之中。

贵州省观赏石协会会长　陈辉娅

2018 年夏